IDENTIFICATION OF COLORED STONES

资深珠宝鉴定师教您

如何辨别彩色宝石的真伪

如何判断彩色宝石的处理与优化

苏隽 陆太进 编著

文化发展出版社
Cultural Development Press

图书在版编目（CIP）数据

彩色宝石辨假 / 苏隽，陆太进编著 .－北京：文化发展出版社，2017.8
ISBN 978－7－5142－1817－6

Ⅰ．①彩… Ⅱ．①苏… ②陆… Ⅲ．①宝石－鉴定 Ⅳ．① TS933

中国版本图书馆 CIP 数据核字 (2017) 第 130259 号

彩色宝石辨假

苏　隽　陆太进　编著

策划编辑：肖贵平
责任编辑：周　蕾　　　　责任校对：岳智勇
责任印制：杨　骏　　　　责任设计：侯　铮
封面图片提供：周大福

出版发行：文化发展出版社（北京市翠微路 2 号　邮编：100036）
网　　址：www.wenhuafazhan.com
经　　销：各地新华书店
印　　刷：北京博海升彩色印刷有限公司
开　　本：889mm × 1194mm　1/16
字　　数：160 千字
印　　张：12
印　　次：2017 年 9 月第 1 版　　2019 年 5 月第 2 次印刷
定　　价：88.00 元
I S B N：978－7－5142－1817－6

◆ 如发现任何质量问题请与我社发行部联系。发行部电话：010－88275710

序言一

PREFACE

宝石是大自然赐予人类最美丽也是最昂贵的礼物。古罗马学者普希尼说："在宝石微小的空间中包含了整个壮丽的大自然，仅一颗宝石就足以表现万物之优美。"宝石的色彩接近大自然的本色，赤橙黄绿青蓝紫，自然界中的颜色在宝石中都能够找到。相比璀璨的钻石，彩色宝石更加活泼、俏丽，深受人们喜爱。

人们喜爱彩色宝石，也想了解彩色宝石。从业 17 年，常被消费者问到一个问题：这是真的吗？在我看来，"真"不仅指宝石材质是什么，还涉及多个层面：该宝石是自然产出还是人工制造？是否在用中低档宝石品种冒充高档宝石？有没有经过人工优化处理？是否达到销售商口中的高品质？这些内容都属于是否"真"的范畴。

"识真"即要"辨假"，本书是"辨假"系列科普丛书中的"彩色宝石辨假"，主要由五个章节组成：第一章主要介绍彩色宝石基本概念和辨假入门基础知识；第二、三、四章采取初级—中级—高级进阶的方式由浅至深、由易到难地告诉您如何辨识彩色宝石的真与假；第五章介绍了彩色宝石的选购及保养。我试图用"非专业"的语言和最容易理解的鉴别方法来吸引同样热爱彩色宝石的您对本书的关注，希望通过书中 300 多张第一手彩色宝石实例及显微照片、20 多个总结归纳图表以及通俗易懂的语言描述来为您展示和讲述关于彩色宝石的"专业"内容。实际工作中，实验室采取的检测手段远比书中复杂得多，随着宝石合成处理技术的发展，珠宝鉴定越来越趋向于多参数测定综合分析的方式。并非看完本书您就能成为珠宝鉴定专家，但本书定能让您不仅能欣赏彩色宝石的美，更“懂”彩色宝石的“真”和“美”。

我在怀孕9个月时开始本书的编写，今天小宝贝出生4个月了，可以说本书是在我很“困难”的一段时间里完成的，动力源于自己对珠宝质检工作的热爱。虽然在多年的宝石学习和珠宝质检工作中已阅“宝”无数，但直到现在我依然会为看到一个好看或特殊的包体，碰到一个新处理方法的宝石样品，解决了一个鉴定技术难题而兴奋不已。

17年的职业生涯道路上，首先要感谢单位的领导，特别是对我影响较大的柯捷、沈美冬、黄文平女士和周军、张钧、马永旺先生，您们的指导、支持和提携，给予了我成长的空间和助力。本书的顺利出版还要感谢提供了大量精美彩色宝石首饰照片的周大福珠宝公司的石开先生、新中泰深圳公司的康立奇先生、ENZO彩色宝石公司的李昕先生、星城祖母绿的王海源先生以及珠宝小百科董海洋先生。特别感谢我的同事李海波为我拍摄了很多精美的显微照片，李键、宋中华、邓谦、陈晓明等也提供了部分照片，当然还要感谢“辨假”系列丛书的编辑肖贵平女士，策划了此系列丛书的出版。

最后要感谢我的父母及家人对我最无私的包容，你们的爱与期许是我前行的最大动力。也把我第一本主笔的书献给我的父母，是你们开启了我绚丽多彩的人生……

苏　隽

2017年2月22日

序言二

PREFACE

宝石矿物是自然界的一种稀缺资源，它以其绚丽多彩的颜色和明亮的光泽吸引了人类的眼球，以其难以磨蚀的硬度和百折不挠的韧性得到了历史传承，以其极少的自然界储量和恶劣的开采条件使得价格节节攀升。近几十年来，随着世界经济的发展，各类珠宝饰品受到了消费者的追捧，各个品种的宝石也实现了快速增值。不但红宝石、蓝宝石和祖母绿等传统高档彩色宝石价格连年上涨，而且碧玺、尖晶石和坦桑石等中档彩色宝石也加入了价格上涨的快速通道。如今，彩色宝石的特殊商品属性越来越凸显出来，它已不再仅仅是消费饰品和文化时尚产品，也增加了“投资品”的功能。

源于人们对美的高品质追求和愿望以及优质天然彩色宝石的稀缺，人们将颜色及净度较差的天然彩色宝石，通过一些物理化学的方法优化处理，使之变成颜色美丽，净度高、耐久性高的商品。宝石的处理技术历史悠久，且随着技术的进步，优化处理的方法和效果还在不断改进。另一方面，近百年来，特别是最近五十年，随着科技的进步，以及人们对宝石颜色理论的加深理解和晶体生长技术的快速发展，彩色宝石的人工合成技术得到了与时俱进的发展，常见的红宝石、蓝宝石、祖母绿、尖晶石等彩色宝石都有不只一种的合成方法，可以在实验室或工厂批量生产颜色鲜艳、净度高的合成产品。可以说，当今国内外珠宝市场上可见各种各样的天然的、合成的、优化处理过的彩色宝石。这些彩色宝石有些有鉴定证书，有些没有，但大多数情况下人们凭肉眼是无法区分“真假”的。

区分珠宝玉石是天然的、合成的，还是经过优化处理的这类“真假辨别”问题，一直是各珠宝检测机构、鉴定实验室所从事的主要业务之一。所有的珠宝玉石的检测方法和信息的采集应尽可能在无损条件下完成，极少数情况下才会进行轻微有损测试。经过训练的珠宝鉴定人员使用常规的宝石检测仪器和技术能够鉴定出大部分的珠宝材料及其内部特征。当常规检测方法无法获得所需信息时，还需利用先进的无损成像技术、光谱技术以及化学元素分析测试技术等。当需要采集部分高精度数据，如微量元素和同位素组成时，则需在征得样品拥有者的许可后，在样品不显眼的部位进行局部微区（通常数毫米以内）的有损测试。鉴定人员根据检测所得到的各种各样的图像信息、光谱特征、化学元素包括微量元素组成和分布特征，以及物理化学性质，对比已有的标准样品库、数据库资料得到科学、公正的鉴定结论。

本书的编著者从事珠宝玉石首饰鉴定及宝石学研究十余年，具有丰富的一线彩色宝石鉴定知识和经验，以自身的实战经验和研究成果为基础，将复杂难懂的科学解析以通俗的语言和清晰的图片进行阐述，由浅入深，图文并茂，资料丰富，条理清晰易学，适合宝石爱好者、商贸人士、收藏者的引导性阅读，以获茅塞顿开或精益求精之裨益。

让我们共同传播和推广彩色宝石鉴别知识，美化人们的生活，使彩色宝石行业百花齐放、健康发展。

陆太进

目　录
CONTENTS

Chapter 1

彩色宝石辨假入门

Chapter 2

彩色宝石初级辨假——辨宝石品种

Chapter 3

彩色宝石中级辨假——辨处理方法

Chapter 4

彩色宝石高级辨假

Chapter 5

彩色宝石的选购及保养

彩色宝石辨假入门

彩色宝石天生丽质，其艳丽的色彩、独特的晶体形状、良好的透明度、特殊的光学效应以及耐磨、抗蚀、稀少等特性都是天然的，非人力所为。迄今为止，人们在自然界中发现的可用于制作饰品的宝石有100多种，但常见的只有20多种。其中以红宝石、蓝宝石、祖母绿和金绿宝石最为珍贵，与钻石并称为“世界五大珍贵宝石”。

宝石的无穷魅力不仅在于它们炫目的外在，还在于它给人们带来的精神寄托，特别是关于宝石的动人传说，更为其增添了不少神秘色彩。

名贵彩色宝石及其历史文化

红宝石

红宝石是七月的生辰石，英文名“Ruby”源自拉丁文，意为“红色”，象征着热情似火，也寓意爱情的美好、永恒和坚贞，是结婚40周年的传统纪念礼物。

象征着智慧和爱情的鸽血红红宝石首饰，鲜艳强烈的色彩让红宝石的美丽一览无余

图片提供：深圳新中泰公司

在西方，红宝石的历史文化及传说由来已久。《圣经》中的约伯盛赞红宝石，称其价值仅次于人类的智慧，是上帝创造的 12 种宝石中最珍贵的品种。在古印度，红宝石常被作为礼物送给来访的政要，因为印度人相信，红宝石可以带给人健康、财富和成功。古希腊人认为红宝石内存在巨大的能量，将它装饰在建筑物上可避雷击。古埃及人认为红宝石是王者至尊的象征。

伊丽莎白女王佩戴这套红宝石王冠和项链
图片来源：网络

在欧洲，红宝石更多的时候被用来装饰皇冠，代表着无上忠诚，是皇家尊严的象征。英国女王伊丽莎白二世与菲利普亲王大婚时，母亲伊丽莎白王后选择了一套红宝石王冠和项链，作为送给女儿的出嫁礼物，这一刻红宝石是母亲对女儿无尽的宠爱和祝福。我国明清时期，红、蓝宝石也被大量用于制作宫廷首饰，数代皇后的凤冠上都嵌有大量的红宝石、蓝宝石和翡翠等。

从古至今，红宝石都被视为“彩宝之王”。从 2002 年开始，由于红色调在时尚界的风行，红宝石再次成为全球珠宝商的宠儿。

蓝宝石

蓝宝石是九月的生辰石，与同为刚玉族的红宝石有“姐妹宝石”之称，象征着忠诚、坚贞、慈爱和诚实，被人们誉为“命运之石”。其英文名称“Sapphire”来自拉丁语“Sapphirus”和希腊语“Sappheiros”，本意为“蓝色”。除红色红宝石之外，粉红色、橙色、黄色、绿色、紫色和黑色等其他颜色

象征着忠诚和奉献的蓝宝石首饰，其深邃的蓝给人以无限想象
图片提供：深圳新中泰公司

的刚玉族宝石均被称为蓝宝石。

自古以来，蓝宝石就以其晶莹剔透的美丽颜色被蒙上神秘的超自然色彩，被视为吉祥之物，与皇室、贵族和宗教息息相关。国王们相信：佩戴蓝宝石能够得到神的赞美，可以免受伤害并远离邪恶，故而将蓝宝石镶嵌在王冠上佩戴。所以，蓝宝石也因此享有“帝王石”之称；贵族们认为佩戴蓝宝石象征着吉祥、美德、智慧和圣洁；天主教徒认为蓝宝石是圣石；在佛教中，蓝宝石代表着友谊和忠诚。我国清朝三品官的顶戴标志亦为蓝宝石。波斯人认为，大地就是用一个巨大的蓝宝石来支撑的，是蓝宝石的反光将天穹映成蔚蓝色的。

色彩丰富的蓝宝石（除红色调为主以外的刚玉宝石都被统称为蓝宝石）

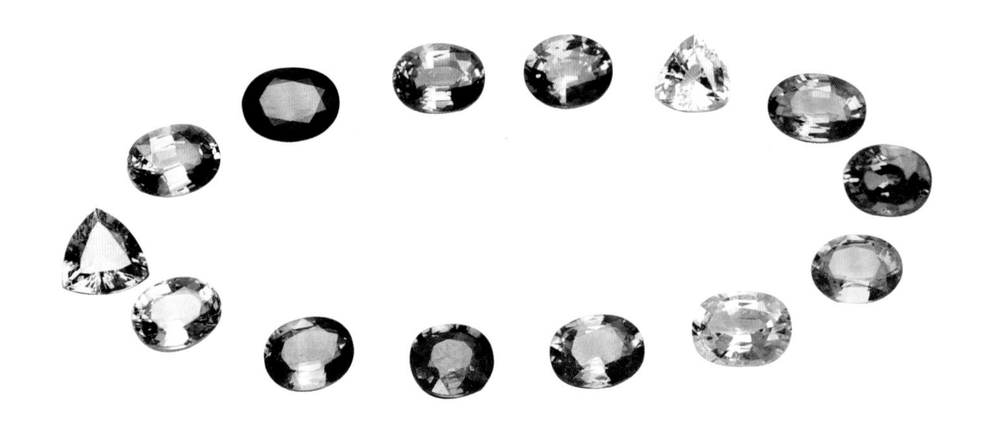

此外，蓝宝石也与浪漫的爱情有关，代表了忠诚和奉献，是结婚45周年的传统纪念礼物。1981年，英国查尔斯王子将一枚镶有18Ct蓝宝石的戒指作为订婚信物赠予戴安娜王妃，使得蓝宝石成为一种新的流行时尚，这枚椭圆形的蓝色蓝宝石也成为最著名的蓝宝石之一。2010年，威廉王子又将这枚戒指赠予凯特王妃，这一事件推动了全球的蓝宝石消费，人们通过购买这枚蓝宝石婚戒的复制品，实现自己的“王妃梦”，引发席卷全球的蓝宝石时尚风潮。

蓝宝石家族还有个特殊品种——“帕帕拉恰”英文名称Padparadscha，也被译作“帕德玛”，源

戴安娜王妃和凯特王妃分别佩戴这枚蓝宝石戒指
图片来源：网络

自斯里兰卡土著语言，为一种红莲花的颜色，是宗教信徒心中神圣之色，所以人们又将“帕帕拉恰”称为红莲花刚玉。这也是刚玉宝石家族中唯一有自己名称的刚玉宝石品种。帕帕拉恰之所以独特，在于其色彩中同时具有粉色和橙色，两种颜色高度交融，相互生辉，且不带有其他杂色调。根据两种颜色的所占比例，一般有粉橙色和橙粉色两种色系。帕帕拉恰最有名的产地是斯里兰卡，后来在越南、坦桑尼亚和马达加斯加也相继发现了优质的帕帕拉恰宝石，产量相当稀少，也因此而价格昂贵。

帕帕拉恰蓝宝石配钻石 18k 金戒指
图片提供：珠宝小百科董海洋

蓝宝石在各种彩色宝石中受欢迎程度排名第一

位，从市场份额看，蓝宝石在整个彩色宝石市场占有很大比例，据统计资料表明，彩色宝石的零售市场销售额中，刚玉类宝石占30%。从销售地区来看，美国是最大的蓝宝石消费市场，这主要因为蓝宝石是美国的国石，在欧洲、希腊、日本等国家和地区，以及中国，蓝宝石都具有良好的销售前景。

翩翩系列——蓝罗
图片提供：陈世英

祖母绿

祖母绿是五月生辰石，其英文名“Emerald”，源于古波斯语，意为“绿色之石”，象征仁慈、信心、善良和永恒。绿色宝石给人以青春、活力、生命和奋发向上的感觉，自古就被世界人民所喜爱。但由于历史文化的差异，东方人偏爱绿色的翡翠，西方人则青睐祖母绿。祖母绿是绿柱石中最为重要和名贵的品种，以其特有的艳丽的翠绿色而享有“绿色宝石之王”的美称。

象征着仁慈、永恒的祖母绿首饰
图片提供：星城祖母绿

根据学者考证，4000多年前最早的祖母绿被发现于埃及尼罗河上游。这里曾蕴藏着丰富的祖母绿资源。16世纪以前，埃及是人们所知唯一的祖母绿产地。直到16世纪中叶，西班牙人在南美洲发现了大量迷人的祖母绿。色彩浓郁的祖母绿取悦了西班牙国王也倾倒了欧洲的王公贵族，一时间王公贵族争相佩戴南美洲的祖母绿首饰。历史上，欧洲各国王室的皇冠、权杖、宝座及各种首饰上，都镶嵌着

镶嵌哥伦比亚祖母绿的王冠
此王冠镶有 11 枚梨形哥伦比亚祖母绿，是德国杜内斯马克伯爵在 1900 年为其第二任妻子特别定制的
图片来源：苏富比拍卖行

极其珍贵的祖母绿。

我国早期历史记载中没有关于祖母绿的资料。一般认为，我国最早的祖母绿由西域商贾通过“丝绸之路”从阿拉伯带入。明清两代帝王尤喜祖母绿，明朝皇帝把它视为同金绿猫眼一样珍贵，有“礼冠需猫睛、祖母绿”之说。

金绿宝石

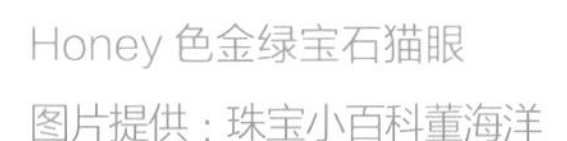

Honey 色金绿宝石猫眼
图片提供：珠宝小百科董海洋

金绿宝石也是五大珍贵宝石之一，它主要有四个品种：猫眼、变石、变石猫眼和金绿宝石晶体。早在我国明代，冯梦龙所著《杜十娘怒沉百宝箱》中就有对猫眼宝石的详尽描述。由于内部含有定向排列的包体或结构，从适当的角度看，折射光会形成一条明亮的光带。这条光带可以随宝石或光线的移动而发生变化，看上去酷似猫的眼睛，这就是猫

眼效应，宝石也因此得名。金绿猫眼中还有一个极其名贵的变种：变石猫眼，变石在具有猫眼效应的同时，还兼具变色效应，即在不同光源下会显示不同的颜色，非常神奇且稀有。

据说猫眼石是一种很有灵性的宝石，在古代埃及，法老王手上的猫眼石戒指猫眼睁开时，表示神正在发怒，需要取人性命来祭拜天神。

猫眼石又叫“寻梦石”“祝福石”，象征爱、力量、希望、祝福和友谊。主要产于斯里兰卡、巴西和中国等地。

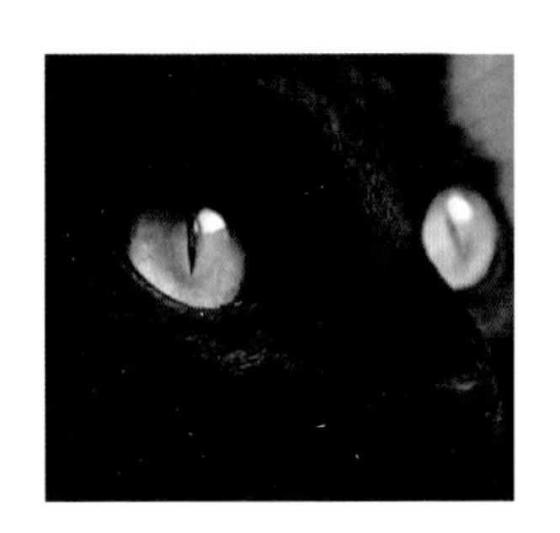

酷似猫的眼睛的金绿宝石猫眼，也称猫睛石
图片来源：网络

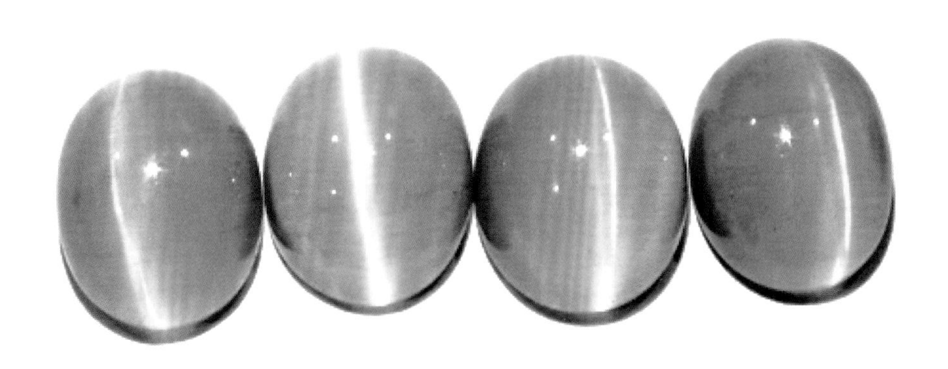

闪烁着霓虹蓝色调的帕拉伊巴碧玺饰品
图片提供：北京菜市口百货股份有限公司

其他主要彩色宝石品种

除了上面介绍的四大名贵宝石外，在当前丰富的市场需求下，帕拉伊巴碧玺和沙弗莱石榴石等也都是宝石市场上不可小觑的“新贵”。下面再给大家介绍几种市场上比较流行的宝石亚种和彩色宝石品种。

1. 碧玺家族中的帕拉伊巴碧玺

碧玺英文名称为“Tourmaline”，意为“混合颜色的宝石”，根据古埃及传说，碧玺在从地心上升的过程中穿越了彩虹，并吸收

彩虹宝石——碧玺
图片提供：北京菜市口百货股份有限公司

了彩虹中所有的颜色，使之五彩斑斓，这也是碧玺现在仍被称作“彩虹宝石”的原因。

众多碧玺品种中，20 世纪 80 年代末在巴西帕拉伊巴发现的含铜和锰元素的蓝色到绿色碧玺最珍贵也最受欢迎。帕拉伊巴碧玺是一种在暗光下也能闪烁如霓虹般清透艳丽色调的宝石，因产地而得名，因含铜而致色。巴西、尼日利亚和莫桑比克三国都有产出，其中，巴西产出最优质的蓝绿色碧玺，少部分宝石还呈现出稀少的“霓虹”蓝色调。

天然高品质蓝绿双色（端色）碧玺
图片提供：珠宝小百科董海洋

五彩斑斓的碧玺
图片提供：珠宝小百科董海洋

2. 石榴石家族中的翠榴石、沙弗莱、芬达石

石榴石是一个大族群，虽然大部分石榴石产量较大，但翠榴石、沙弗莱石榴石和因含锰而致橙色调的锰铝榴石都很稀少，是绿色和橙色宝石中的极品，因此广受珠宝爱好者的追捧。

锰铝榴石戒指，犹如温暖的阳光

翠榴石是含铬的钙铁榴石，主要产自俄罗斯乌拉尔山脉和非洲，产量少。高色散和特征性的“马尾”状包体是翠榴石的重要识别标志。

沙弗莱是含铬和钒的亮绿色钙铝榴石。尽管沙弗莱在石榴石家族中年纪很轻，但它的品质和价值完全可以和祖母绿相媲美，沙弗莱透明度和光泽很好，而且杂质非常少。

可与祖母绿媲美的沙弗莱宝石
图片来源：网络

在石榴石众多色彩中还有一抹十分温暖的橘黄色——锰铝榴石，商业名称芬达石。主要产自非洲纳米比亚，因其特有的高折射率和美丽的颜色受到人们的喜爱。

锰铝榴石
图片提供：珠宝小百科董海洋

3. 尖晶石

尖晶石自古以来就是珍贵的宝石品种，它有着与红宝石相似的鲜亮华贵的红色，是世界上最优秀的“冒名顶替者”，被当作红宝石镶在俄国沙皇、大英帝国之王的

坦桑尼亚尖晶石
图片提供：古柏林实验室

王冠上，美丽异常却知名度不高。

尖晶石在历史上充满了传奇故事，最知名的就是英国爱德华王子王冠上中间镶嵌的重达170Ct的“黑王子红宝石”，几个世纪以来人们都对这颗红宝石深信不疑，直到近代才被考证为是尖晶石。

历史上著名的镶于英国爱德华王子王冠上的“黑王子红宝石”
图片来源：Corbis图片库

4. 坦桑石

1997年，电影《泰坦尼克号》热映，观众都被女主角佩戴的那颗湛蓝晶莹的“海洋之心”所深深吸引。《泰坦尼克号》的故事中，“海洋之心”是一枚50多克拉的蓝色钻石，不过，影片中的“海洋之心”却是一颗产自东非坦桑尼亚的坦桑石。电影上映之后，坦桑石也因在其中的客串而随之火了起

心形坦桑石宝石

来，价格一路飙升。

坦桑石成为消费热点最主要的原因还是它的颜色非常接近蓝宝石，但价位却低很多。大多数坦桑石都比较干净、清澈、个大。其实，目前市场上95%的坦桑石都经过了热处理，热处理会使坦桑石的褐色转变成均匀的蓝色，并且颜色也会更加稳定。

《泰坦尼克号》电影最后，白发苍苍的女主人赤脚踏上船栏杆，张开双手，让"海洋之心"回归大海，回到她爱的人身边。

不论是热情的红宝石、深邃的蓝宝石、贵气的祖母绿还是神秘的猫眼石，在历史的长河中，宝石见证了无数让人梦寐以求的权力以及永世不变的爱情，它带给我们叹为观止的震撼和感动，如同那颗深邃的"海洋之心"，不论辗转人间还是置身海底，依旧固执地闪耀着、记录着，永远不会褪色消逝……

《泰坦尼克号》电影海报和心形坦桑石宝石
图片来源：网络

五彩斑斓的宝石
图片提供：深圳新中泰公司

彩色宝石概述

钻石、红宝石、蓝宝石、祖母绿和金绿宝石被尊称为世界五大宝石是有缘由的：首先，从矿产资源的稀缺性来说，它们都具备了极其稀缺、不可替代的属性；其次，它们在颜色和外观的美丽、独特方面，有着不可超越的地位；同时，它们都具备了历久弥新的坚硬特质，并得以世代相传。

珠宝玉石定义

珠宝玉石是对天然珠宝玉石和人工珠宝玉石的统称。

1. 天然珠宝玉石

天然珠宝玉石简称宝石，总的来说，宝石就是自然界产出的，具有美观、耐久、稀少性，可加工成饰品的材料。按照组成和成因不同可分为：天然（单晶）宝石、天然玉石和天然有机宝石。

天然宝石有三大特性：

Asulikeit 经典复古系列
白金镶彩色宝石小鸟胸针

◎美丽

美丽是宝石的首要条件。宝石的美由颜色、透明度、光泽、纯净度等众多因素构成，这些因素相互弥补又相互衬托，当上述因素都恰到好处时，宝石才能光彩夺目、美丽绝伦。

◎耐久

宝石不仅应绚丽多姿，而且需要经久不变，即要具有一定的硬度、化学稳定性等。

祖母绿戒指
图片提供：星城祖母绿

◎稀少

宝石产出量稀少才名贵，这种稀少性包括品种上的稀少和品质上的稀有。批量生产的人工宝石可以美丽和耐久，但不具备稀少性。

2. 人工宝石

天然宝石属于不可再生的珍贵资源，而优质宝石的储量稀少，经过长期、大量的开采，许多优质矿床已近枯竭。人们对彩色宝石完美品质的追求和宝石天然属性的不完美性永远是一对矛盾体，世界范围内人们对天然优质宝石的需求递增，导致珠宝市场上优质宝石的供需矛盾日趋尖锐，各种人工宝石应运而生。

人工宝石指完全或部分由人工生产或制造用作首饰及饰品的材料。分为合成宝石、人造宝石、拼合宝石和再造宝石。人工宝石的规范命名必须在宝石名称前加上“合成”“人造”“拼合”或“再造”。如：合成红宝石、拼合祖母绿等。

表 1-1　人工宝石的分类

	定义	举例
合成宝石	完全或部分由人工制造且自然界有已知对应物的珠宝玉石，其物理性质、化学成分和晶体结构与所对应的天然珠宝玉石基本相同	合成红蓝宝石、合成祖母绿、合成尖晶石等
人造宝石	由人工制造且自然界无已知对应物的珠宝玉石	人造钇铝榴石等
拼合宝石	由两块或两块以上材料经人工拼合而成，且给人以整体外观印象的珠宝玉石	拼合蓝宝石、石榴石拼合石等
再造宝石	通过人工手段将天然珠宝玉石的碎块或碎屑熔接或压结成具有整体外观的珠宝玉石	再造琥珀等（天然单晶宝石中不常见）

珠宝玉石的分类

本书里所说的彩色宝石，特指宝石大家族中除钻石外的天然有色单晶宝石。本书内容还涉及人工宝石中的合成宝石、人造宝石和拼合宝石。

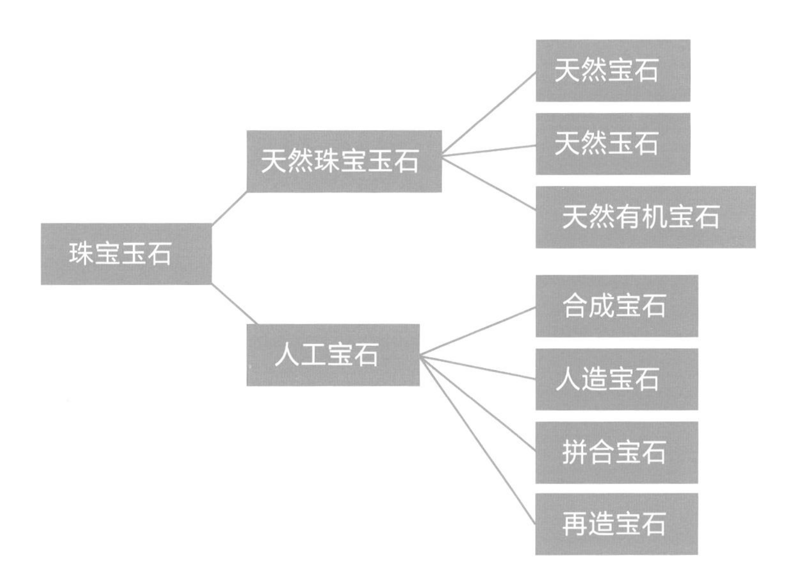

这里再给大家介绍一个概念——“仿宝石”，仿宝石指用于模仿天然珠宝玉石的颜色、外观和特殊光学效应的人工宝石以及用于模仿另外一种天然珠宝玉石的天然珠宝玉石。“仿宝石”不能作为一个珠宝玉石名称单独使用。比如“仿红宝石”说明该宝石不是红宝石，有多种可能性，可能是玻璃、合成立方氧化锆、石榴石等。

彩色宝石的优化处理

优质宝石供不应求，对天然宝石进行人工优化处理，人为改善或改变宝石颜色、净度、光泽等外观和耐久性等，可以有效缓解市场需求，同时有助于不可再生资源得以综合利用。经过优化处理的宝石需要向消费者进行解释和说明。

优化处理：除切磨抛光外，用于改善珠宝玉石的外观（颜色、净度或特殊光学效应）、耐久性或可用性的所有方法，具体分为优化和处理两类。

优化：传统的、被人们广泛接受的使珠宝玉石潜在的美显示出来的各种改善方法。经过优化的宝石可以直接使用珠宝玉石名称定名，珠宝玉石鉴定证书中可以不附注说明。

处理：非传统的、尚不被人们接受的各种改善方法。经过处理的宝石在所对应的珠宝玉石名称后应注明“处理”或具体的处理方法。如红宝石（处理）、红宝石（充填）等，并在鉴定证书中附注说明其处理方法。

本书涉及彩色宝石常见的优化处理方法如下。

优化方法	处理方法
热处理 浸无色油	染色处理 充填处理 扩散处理 覆膜处理 辐照处理

表 1-2　优化处理方法

优化处理方法	定义	主要应用彩色宝石
热处理	通过人为控制温度和氧化还原环境等条件，对样品进行加热的方法称热处理。其目的是改善或改变宝石的颜色、净度和 / 或特殊光学效应	红蓝宝石、碧玺等
浸无色油	将无色油浸入珠宝玉石的缝隙，用以改善宝石净度和外观	祖母绿等裂隙发育的宝石
染色处理	将致色物质（如有色油、有色蜡、染料等）渗入珠宝玉石，达到改善或改变颜色的目的	红蓝宝石、祖母绿等
充填处理	用玻璃、塑料、树脂或其他聚合物等固化材料充填多裂隙宝石或填补表面凹坑，达到改善宝石净度和耐久性的目的	红宝石、祖母绿、碧玺等
扩散处理	在一定温度条件下，将外来元素扩散进入宝石，以改变其颜色或产生特殊光学效应	蓝宝石、长石等
覆膜处理	用涂、镀、衬等方法在珠宝玉石表面覆着薄膜，以改变珠宝玉石的光泽、颜色或产生特殊效应	托帕石等
辐照处理	用高能射线辐照珠宝玉石，使其颜色发生改变。辐照处理常附加热处理	托帕石、绿柱石、碧玺等

彩色宝石辨假辨什么？

下面我们给出四个颜色系列的宝石图片，大家乍一看是否感觉真假难辨？到底都是些什么宝石呢？

上排由左至右：充填红宝石、蔷薇辉石、红宝石、石榴石、扩散长石

下排由左至右：玻璃、合成红宝石、合成粉色蓝宝石、覆膜托帕石、碧玺

上排由左至右：蓝晶石、合成尖晶石、辐照托帕石、堇青石

下排由左至右：蓝宝石、合成蓝宝石、玻璃、辐照托帕石

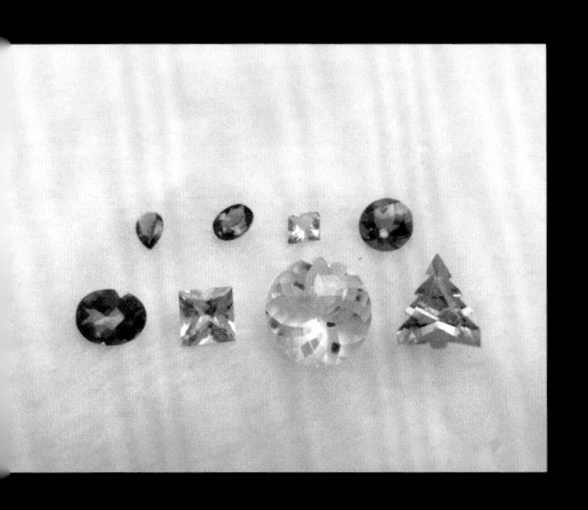

上排由左至右：合成祖母绿、铬透辉石、合成水晶、碧玺

下排由左至右：覆膜托帕石、透辉石、绿水晶、变色玻璃

由左至右：长石、覆膜托帕石、黄晶、合成立方氧化锆

乍一看估计您感觉这些石头只是颜色形状有些区别，实际这里面有各种天然宝石、有经过优化处理的天然宝石，也有人工合成品以及仿制品。宝石的属性和品种不同，价值千差万别，如何将它们进行区分辨别也就是本书的主要内容。

彩色宝石辨假入门知识

宝石自身所具备的一些基本特征和各种性质，如宝石的化学组成、物理性质、光学性质、力学性质等是我们进行辨假和鉴定的基础。掌握了这些宝石特性，我们利用一些简单的仪器工具通过肉眼观察就可以对宝石进行初步种属限定，缩小宝石可能的范围。

周大福红宝石戒指

本节挑选了11个彩色宝石辨假中最基础和实用的宝石特性介绍给大家，这是我们进行彩色宝石辨假必备的入门知识。

表1-3 宝石特性

宝石特性	定 义	应 用
颜色	宝石吸收、透射及反射不同波长的光波而产生的彩度、饱和度、明度的综合	具有稳定、特征颜色的宝石通过观察颜色可大致判断宝石品种
光泽	宝石表面反射光的能力	反映宝石折射率高低；辅助判断宝石是否充填、镀膜、拼合等
色散	白光通过透明物质中的倾斜平面时，分解为光谱色的能力	肉眼观察到色散现象可大大缩小未知宝石范围
双折射	一条入射光线产生两条折射光线的现象	观察到重影现象说明宝石双折射率高
多色性	光波在晶体中振动方向不同而使彩色宝石呈现不同颜色的现象	根据宝石多色性强弱或有无多色性辅助鉴定宝石品种等
发光性	宝石在外来能量激发下，发出可见光的性质	根据宝石发光特点可辅助鉴定宝石品种、判断宝石是否经过人工处理等
解理 断口	解理：宝石受力后常沿一定方向破裂并产生光滑平面的性质 断口：宝石受外力作用产生的无方向性不规则的破裂面称为断口	具阶梯状断面表明其解理发育； 具贝壳状断口表明其为单晶宝石等
比重	单位体积宝石的重量	宝石裸石通过掂重可大致比较其比重大小
硬度	宝石抵抗外来压入、刻划或研磨等机械作用的能力	观察宝石表面棱线尖锐程度、棱线磨损等可大致估计其硬度大小
特殊光学效应	在可见光的照射下，珠宝玉石的结构、构造对光的折射、反射、衍射等作用所产生的特殊的光学现象	任何一种特殊光学效应或特殊生长现象的出现都可缩小未知宝石范围
包裹体	影响宝石整体均一性的，与主体有成分、相态、结构或颜色等差异的内外部特征	通过放大观察宝石内外部包体特征可以辅助分辨宝石品种、天然还是人工宝石、是否经过人工优化处理、宝石产地等

1. 宝石的颜色

宝石的颜色瑰丽多彩，变幻莫测，是决定彩色宝石受喜爱程度、市场性及价值最重要的因素，也是宝石巨大魅力的根源。颜色是宝石鉴定的主要手段，也是宝石评估最关键的因素和进行宝石优化处理的主要目标。

宝石的颜色常常与宝石矿物的化学组成、含有的杂质元素有关，更重要地取决于其内部结构。传统宝石学中将宝石颜色成因划分为自色、他色和假色。现代颜色成因理论主要从晶体场理论、分子轨道理论、能带理论和晶格缺陷等来揭示宝石颜色成因的本质。

我们用较易理解的传统颜色成因理论来举例。自色指一些由作为宝石矿物基本化学组分中的元素引起的颜色，颜色通常固定不变，可作为鉴定特征，如铁铝榴石、绿松石等；他色即宝石十分纯净时无色，含有各种微量致色元素时，就可产生不同颜色，如碧玺、刚玉等；假色指物理光学效应引起的颜色，比如欧泊、月光石、晕彩拉长石等。

有些宝石自身颜色就是典型特征，通过外观就可大致确定宝石品种。

周大福红宝石吊坠

铁铝榴石为自色宝石，且颜色特征稳定

碧玺为他色宝石，五彩斑斓的颜色由于其含有不同的微量元素所致

晕彩拉长石所呈现的颜色外观由物理光学效应引起，非自身具有的颜色

橄榄石具典型的橄榄绿色或黄绿色，可作为橄榄石鉴别的重要特征

图片提供：ENZO 公司

双色水晶，一般称作“紫黄晶”，颜色典型

外层绿色，中间粉红色的碧玺也被称作“西瓜碧玺”，多色碧玺反映了晶体生长过程中生长环境的改变，颜色典型

2. 宝石的光泽

翩翩系列——依风
图片提供：陈世英

光泽是宝石的重要性质之一，观察起来相对容易且直观。宝石的光泽反映了宝石矿物表面的明亮程度，与吸收率和宝石折射率有关，还与宝石表面的抛光程度等有关。通常情况下，宝石折射率越高，光泽越强。

宝石的光泽可分为：金属光泽、金刚光泽（折射率 2.0～2.6）、亚金刚光泽（折射率 1.8～2.0）和玻璃光泽（折射率 1.3～1.8）。

鉴定中，光泽可以提供一些重要信息：

◎我们可根据光泽大致判断宝石折射率高低，如合成立方氧化锆（折射率 2.15 左右）光泽明显强于绿柱石（折射率 1.57 左右）；

合成立方氧化锆光泽明显强于绿柱石（绿柱石切磨质量更好的情况下）

周大福彩宝首饰——孔雀宝石耳饰

◎可应用于拼合宝石的鉴定，例如蓝宝石水晶拼合石，蓝宝石光泽强，水晶光泽弱，上下两层光泽不一致即可提供鉴定依据；

◎光泽用于辨别充填宝石时也很有效，比如玻璃充填红宝石，充填物与宝石主体存在明显光泽差异就是存在非红宝石物质的有力证据；

◎人们经常通过镀膜提高宝石表面光泽。宝石表面光泽异常则应怀疑是经过了覆膜处理。

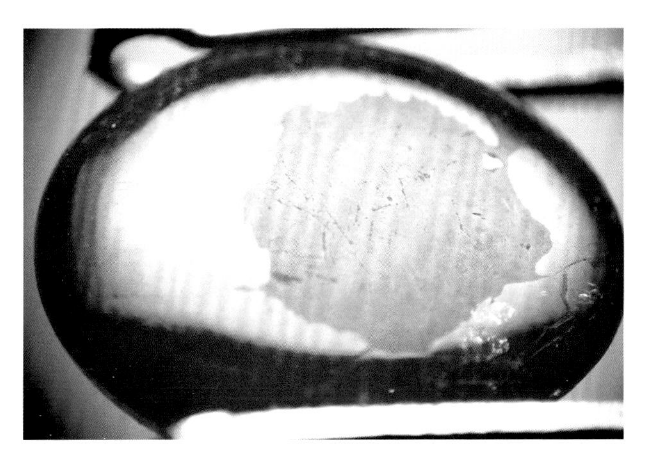

红宝石表面大块玻璃物质充填，红宝石折射率高（1.77左右），而玻璃折射率较低（1.5左右），红宝石主体和充填物存在明显光泽差异

覆膜托帕石，依据样品表面强金属光泽判断该样品经过了表面覆膜处理

榍石这种五光十色的现象即色散现象，也就是我们通常说的火彩

3. 宝石的色散与火彩

在透明的刻面宝石中，色散强度能为鉴定提供重要线索。色散是白光被分解为光谱色的现象，因色散而使宝石呈现光谱色闪烁的现象称为火彩。只有钻石（色散值 0.044）、合成立方氧化锆（0.060）、榍石（0.051）、锆石（0.039）、翠榴石（0.057）等刻面宝石用肉眼就能看到明显的火彩。

4. 宝石的双折射

利用宝石的双折射特性，用 10 倍放大镜就能观察到部分刻面型透明宝石棱线双影现象，也可以作为鉴定宝石的重要依据。双影现象可以区分一些强双影和双影现象不明显的相似宝石，如区分绿色的橄榄石（双影明显）和祖母绿（双影不明显）；还可区分一些天然宝石和玻璃等单折射仿制品，如碧玺（有双影）

锆石亭部可见明显棱线双影现象

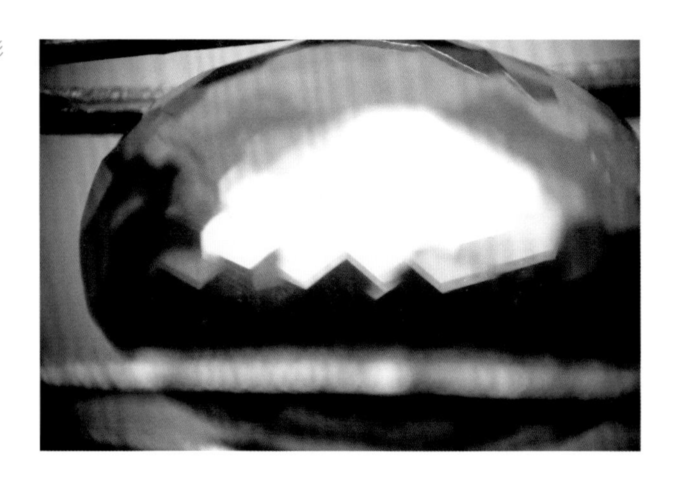

与相似颜色玻璃（无双影）等。具有强双影性质的彩色宝石有锆石、橄榄石、碧玺、金红石等。

5. 宝石的多色性

宝石的多色性也是一个神奇有趣的光学现象，某些彩色宝石的光学性质随方向而异，对光波的选择性吸收及吸收强度随光波在晶体中的振动方向不同而发生改变，在二色镜或单偏光镜下转动彩色宝石时，可以观察到非均质体彩色宝石的颜色及颜色深浅会发生变化。

多色性可分为二色性和三色性：一轴晶宝石可以有两种主要颜色，二轴晶宝石可以有三种主要颜色。有的宝石如碧玺、红柱石等只要转动宝石就能看到明显的二色性。坦桑石、堇青石等宝石可见三色性。宝石晶体的多色性明显程度与宝石的性质有关，也与所观察的宝石的方向有关。

根据宝石多色性强弱可划分为以下几个级别。

强：肉眼即可观察到不同方向颜色的差别。如堇青石、红柱石、坦桑石、碧玺等。

中：肉眼不易观察到的多色性，但二色镜下明显。如红宝石。

弱：二色镜下能观察到多色性，但不明显。如紫晶、橄榄石等。

无：二色镜下不能观察到多色性，如石榴

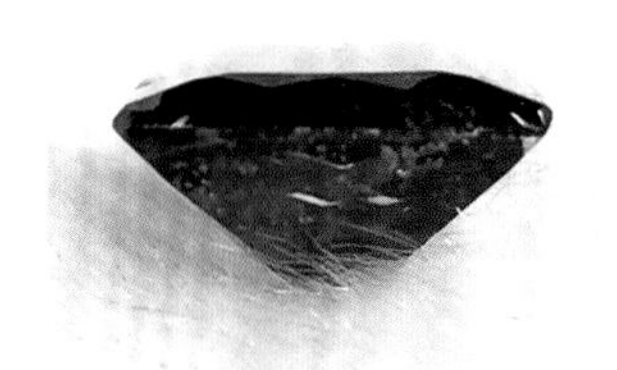

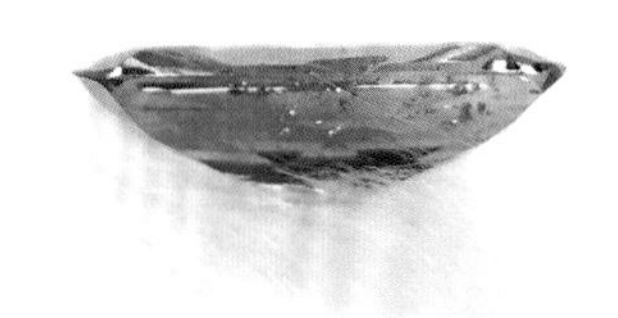

红柱石多色性强，肉眼可见宝石不同方向呈现深红 / 褐绿色

石、尖晶石等均质体宝石或无色非均质体宝石。

根据宝石所能观察到多色性的强弱和颜色等可以区分相似宝石品种，如红宝石（具多色性）与尖晶石（无多色性）等。

6. 宝石的发光性

能激发矿物发光的因素很多，如摩擦、加热、阴极射线、X 射线都可使某些矿物发光。在宝石学中应用最多的是紫外线下激发的荧光和磷光。宝石矿物在受外界能量激发时发光，这种现象称

宝石饰品在荧光灯下的荧光反应

为荧光。关闭紫外灯，宝石继续发光，该现象称为磷光。宝石矿物的发光性通常与晶格中微量杂质元素和某些晶体缺陷密切相关。

珠宝鉴定中，根据宝石在长波(365nm)紫外光和短波（254nm）紫外光下的荧光特性可以辅助鉴定宝石。

（1）区分相似宝石品种：如鉴别红宝石和石榴石，因为红宝石铬（Cr）致色通常呈红色荧光，石榴石为铁（Fe）致色，通常无荧光。

（2）区分天然宝石与人工宝石等：天然宝石由于含有更复杂的杂质元素，有些元素如铁等对荧光有一定抑制作用，而合成宝石组成元素单一，所以天然彩色宝石的荧光一般比对应的合成宝石荧光弱；玻璃等人工仿宝石通常短波荧光强于长波，而一般情况下天然宝石相反；某些拼合石上下宝石荧光反应会不一致，中间的胶层会发荧光。

（3）判断宝石是否经人工优化处理：如经过扩散处理的蓝宝石短波紫外荧光灯下常呈白垩状；经过充填或染色处理的宝石，外来有机充填物和染色剂会导致宝石荧光特征异常。

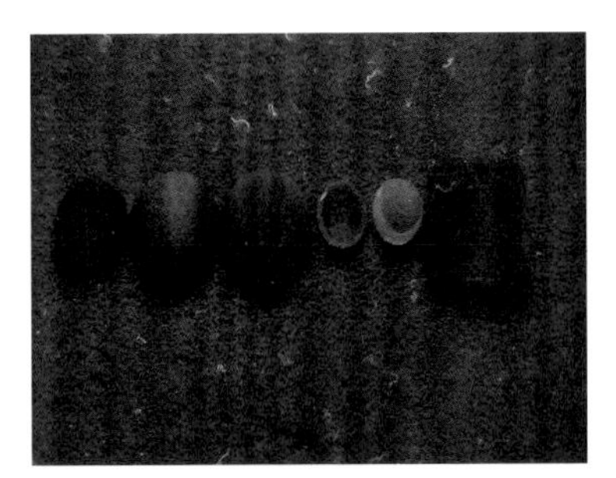

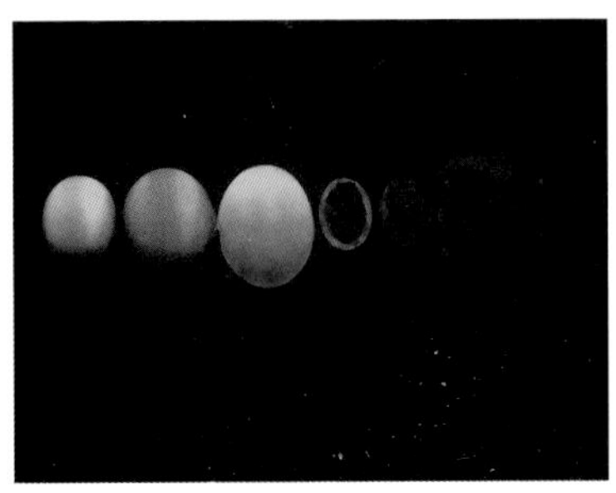

玻璃在紫外荧光灯下的反应，短波紫外荧光强度（下）强于长波（上）

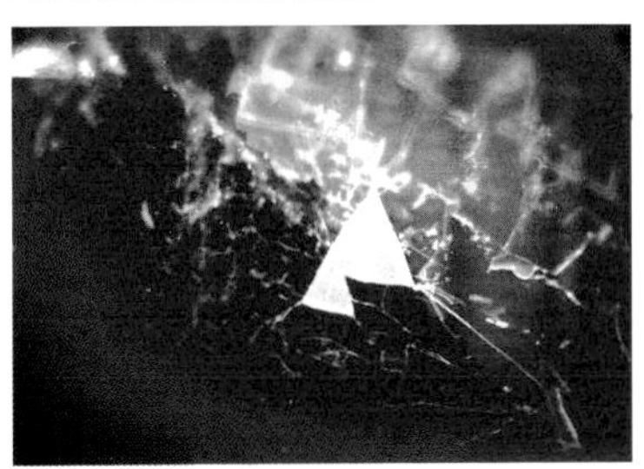

祖母绿表面凹坑充填，祖母绿自身发红色荧光，有机充填物发蓝白色荧光
白然光下（上）、DiamondView 下（下）

利用不同波长的激发源，如 DiamondView（超短波紫外）可提供更详细、直观、明显的宝石发光图像，能更好地应用于宝石鉴别中。如：对于有特殊生长结构的天然宝石与合成宝石的鉴定。

天然变石 DiamondView 发光图像

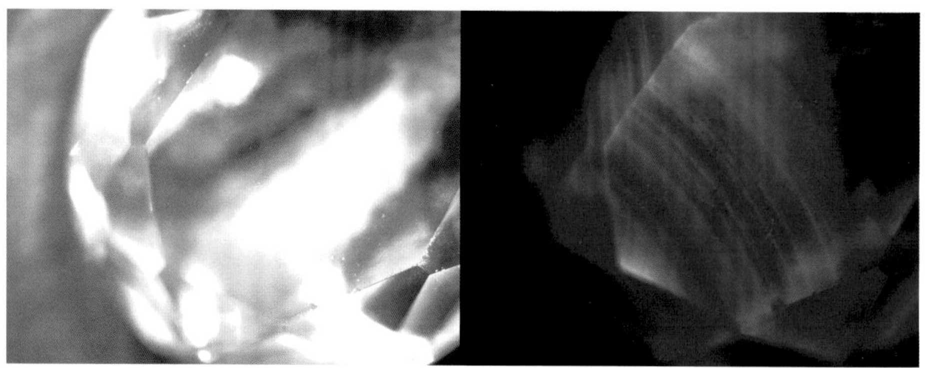

无色合成蓝宝石放大检查无包体特征（左），DiamondView 下可见明显的弧形生长纹（右），可作为重要鉴定依据

7. 宝石的解理和断口

断口和断口表面为何种光泽，对鉴定某些宝石也比较重要。具玻璃光泽的大部分单晶宝石为贝壳状断口，具阶梯状断面表明其解理发育。

8. 宝石的比重

手掂宝石估计其比重，是有经验鉴定者的密招，但要多实践才能掌握。同等大小的裸石，用手一掂就能估出大致比重，例如合成立方氧化锆（比重5.8）明显大于很多其仿制的天然宝石。

9. 宝石的硬度

宝石抵抗外来压入、刻划或研磨等机械作用的能力称为宝石的硬度。我们了解几种常见物质的相对硬度以帮助我们加强对硬度的认识和使用。

单晶宝石常见贝壳状断口，断口表面呈光滑曲面，面上常出现不规则同心条纹，形似贝壳状

蓝宝石表面阶梯状原始晶面

指甲2.5，刀片5.5～6，钢锉6.5～7，石英7（空气中的灰尘主要成分是石英，硬度7。所以硬度小于7的宝石，经常受空气中灰尘的撞击磨蚀，表面会变“毛”而失去光泽），刚玉9，金刚石10。

宝石抛光后的光洁度，可以大致体现其硬度范围。一般具有浑圆面棱和光洁度差的宝石，多数硬度较低；刻面棱线尖锐、表面平滑表明其硬度较大。

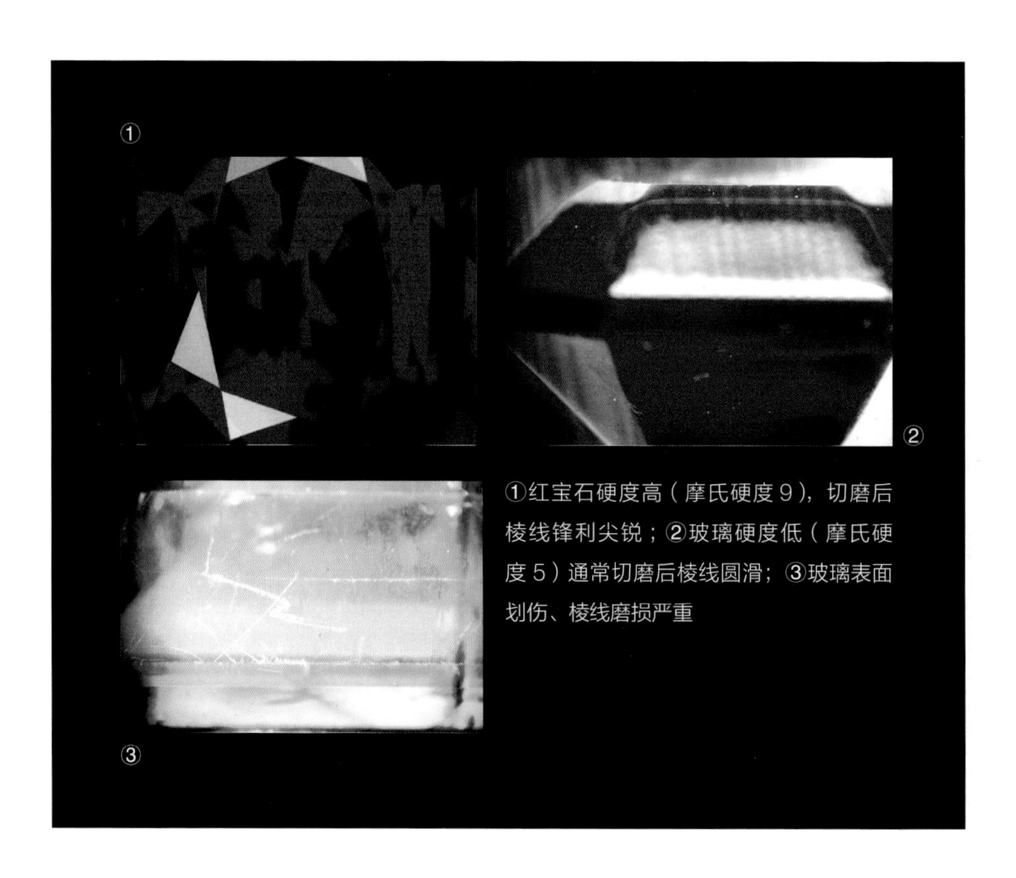

①红宝石硬度高（摩氏硬度9），切磨后棱线锋利尖锐；②玻璃硬度低（摩氏硬度5）通常切磨后棱线圆滑；③玻璃表面划伤、棱线磨损严重

10. 宝石的特殊光学效应

有些宝石在可见光的照射下，会产生奇异的光学现象，有的形似星光，有的如同猫眼。这些特殊光学效应不仅使宝石更加绚丽、更加神秘，同时还提高了宝石的价值。任何一种特殊光学效应和一些特殊现象的出现，都能缩小未知宝石的预测范围。

表 1-4　宝石的特殊光学效应

	图例	定义	常见宝石品种
星光效应		平行光线照射下，弧面型切磨的某些宝石表面呈现出两条或两条以上交叉亮线的现象。	常见六射星光的宝石有红宝石、蓝宝石、芙蓉石、石榴石等；红蓝宝石有时可见 12 射星光。 四射星光的宝石有尖晶石、辉石等。
猫眼效应		平行光线照射下，弧面型切磨的某些宝石表面呈现一条明亮光带，该光带随样品或光线的转动而移动的现象。	金绿宝石、水晶、碧玺、长石等。
变色效应		不同光源下宝石呈现出不同的颜色的现象。	变石、变色蓝宝石、变色石榴石等。
光彩效应		宝石内部的内含物或结构特征反射出的光所产生的漂浮状的淡蓝色、白色等光彩。	长石（具月光效应的长石也叫月光石）。
砂金效应		宝石因含有大致定向排列的金属矿物薄片包体，随宝石的转动，能反射出红色或金色的光。	长石（具砂金效应的长石又称日光石、太阳石）。
特殊现象		“达碧兹”祖母绿特点是宝石横切面有六角形的黑色条纹从中央向外辐射，中间还可以有六角形透明或呈黑色的芯。	祖母绿、红宝石等。

11. 宝石的包裹体

包裹体是宝石在生长和结晶过程中周围环境的演变在晶体中留下的痕迹。宝石中的各种包裹体及其形态被认为是宝石的身份特征，可为鉴别宝石品种，区分宝石是天然还是人工合成等提供重要线索，同时也用于鉴别宝石是否经过人工优化处理，辨别宝石产地等。

常见的包裹体类型有 ：

(1) 气相、液相、固相包体及其组合

◎气态包体指由气体组成的包裹体，合成宝石和人造宝石玻璃、塑料中常见单相的气态包体，即气泡。

◎液体包体指以流体为主的包裹体，可呈单相、气—液两相或气—液—固多相。天然液态包体形态多种多样，常见气液包体充填于裂隙或愈合裂隙中被称为“指纹状包

合成蓝宝石中的气泡

海蓝宝石内部的气—液两相包体

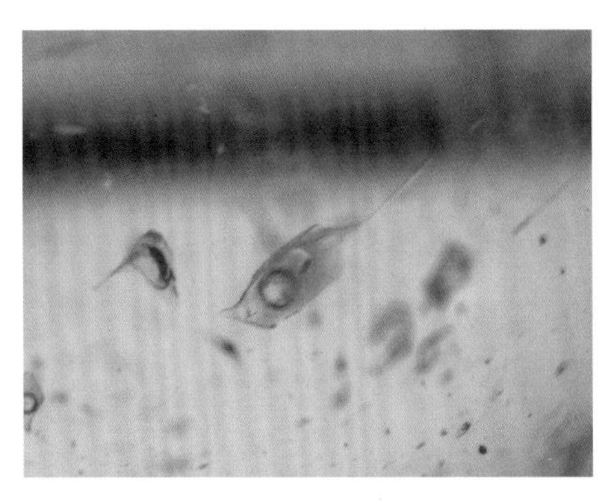

海蓝宝石内部气—液—固三相包体

蓝宝石中的“指纹状”包体

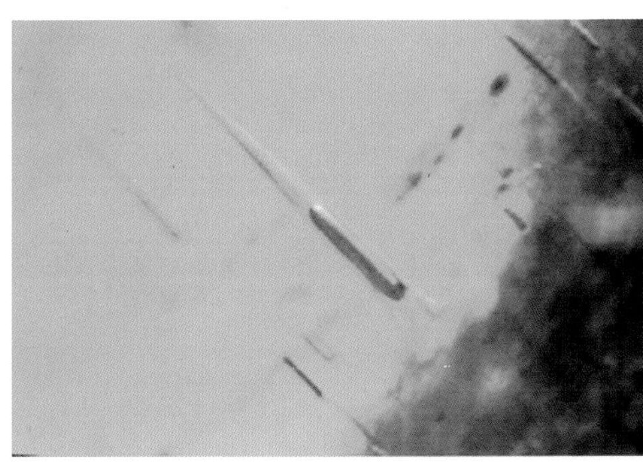

合成祖母绿中的“钉状包体”
图片来源：网络

裹体”。合成宝石中也可见两相或三相包裹体，比如水热法合成祖母绿中的“钉状包体”，但包体形态等与天然宝石不同。

◎宝石中呈固态相存在的包裹体，天然宝石中最常见结晶质包体，可呈针状、片状、板状各种规则或不规则形状，成分可与主晶相同或者不同。人工宝石中的固态包体与天然宝石有明显差异，可能有籽晶片、原料粉末、铂金片金属包体等。

蓝宝石中具一定晶形的板状晶体包体

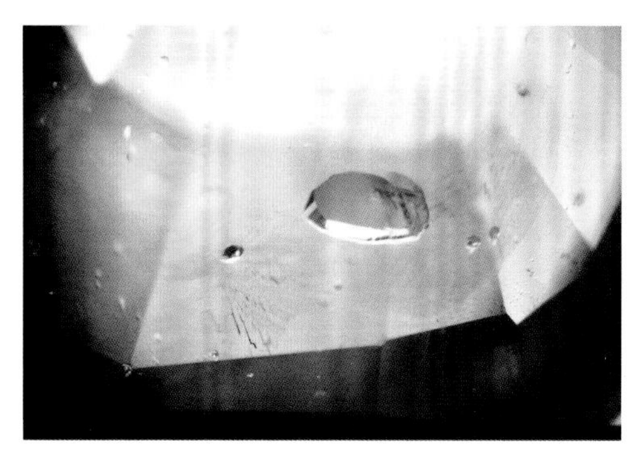

天然托帕石内部的似立方固体包体

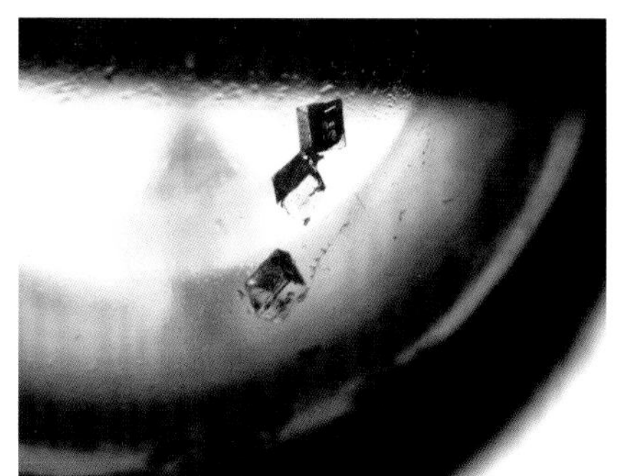

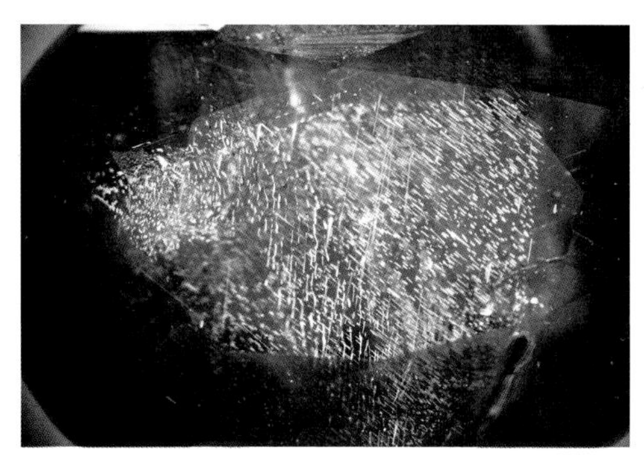

蓝宝石中指纹状气液包体和彩虹色针状包体

（2）双晶纹、生长纹、色带等结构特征

◎双晶纹曾被认为是宝石天然成因的证据，但后来在合成宝石中也可见；

◎一些特殊形态的生长纹可作为重要的宝石鉴定依据，如合成宝石中的弧形生长纹和波状生长纹等；

◎与主体宝石颜色有差异的颜色条纹或色团等在天然宝石中很常见，人工宝石中也可见。

天然红宝石内部双晶纹

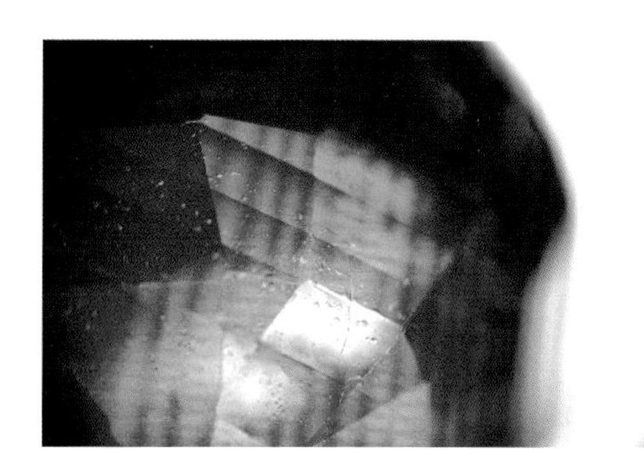

合成祖母绿中波状生长纹

图片来源：网络

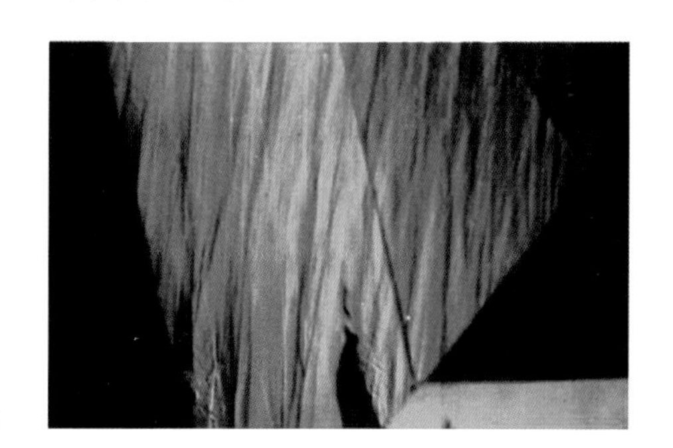

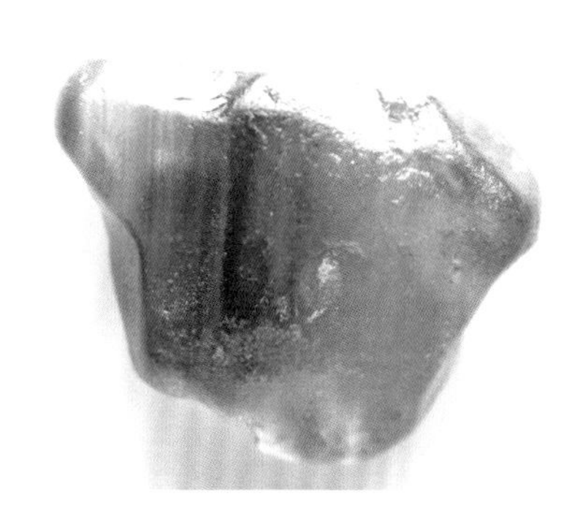

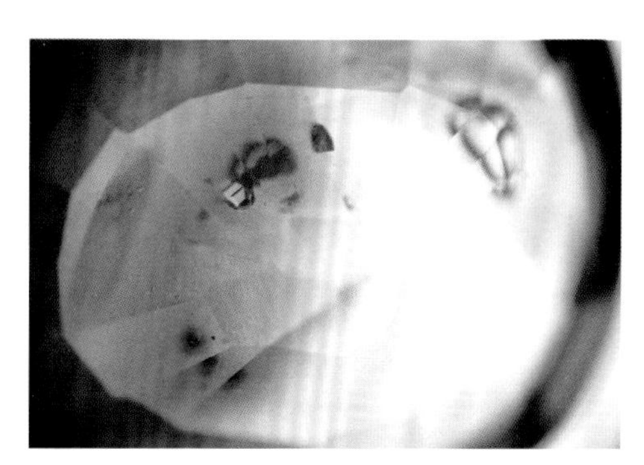

蓝宝石色带和色域，反映了晶体生长过程中微量致色元素浓度的变化

天然宝石与之俱来的包裹体是其天然属性的最好证明，但一些大而显眼的内含物会降低宝石的美感。一般而言，宝石包裹体越少、纯净度越高，价值也越高，但有时包裹体的存在为宝石增添很多魅力，如一些特殊颜色或形态的包体，宝石的特殊光学效应还常跟其包体特征密不可分。

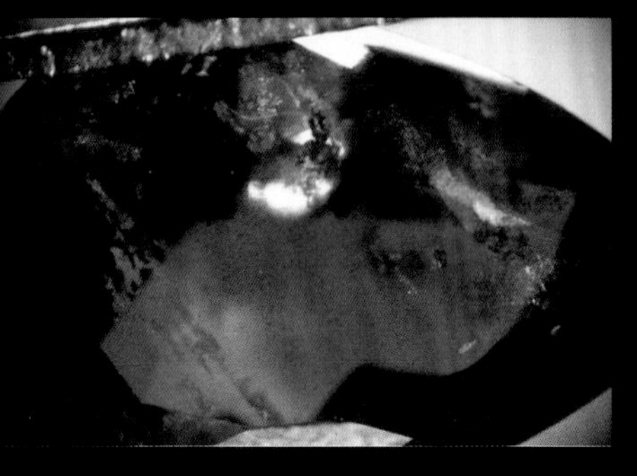

宝石中一些显眼的包体会降低宝石的美感

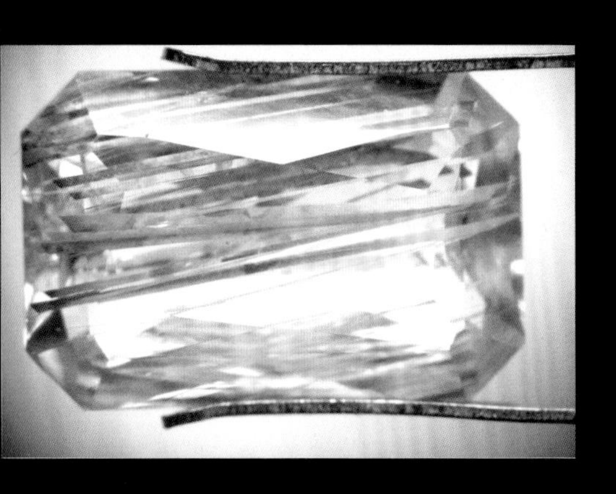

无色托帕石中的黄色片状包体为本来没有颜色的托帕石增添了魅力

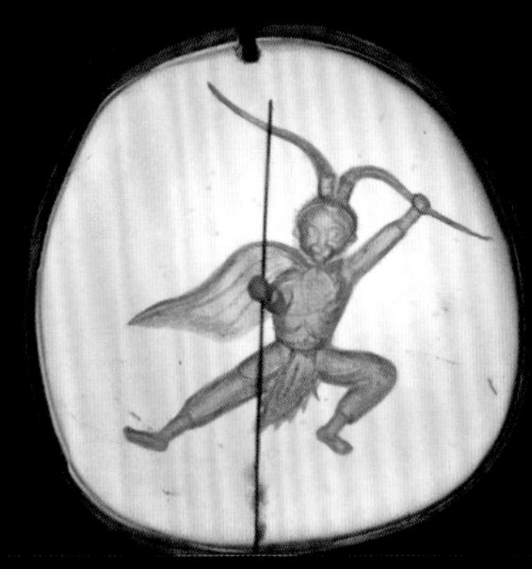

水晶中的长针状包体与人工创意雕刻完美结合

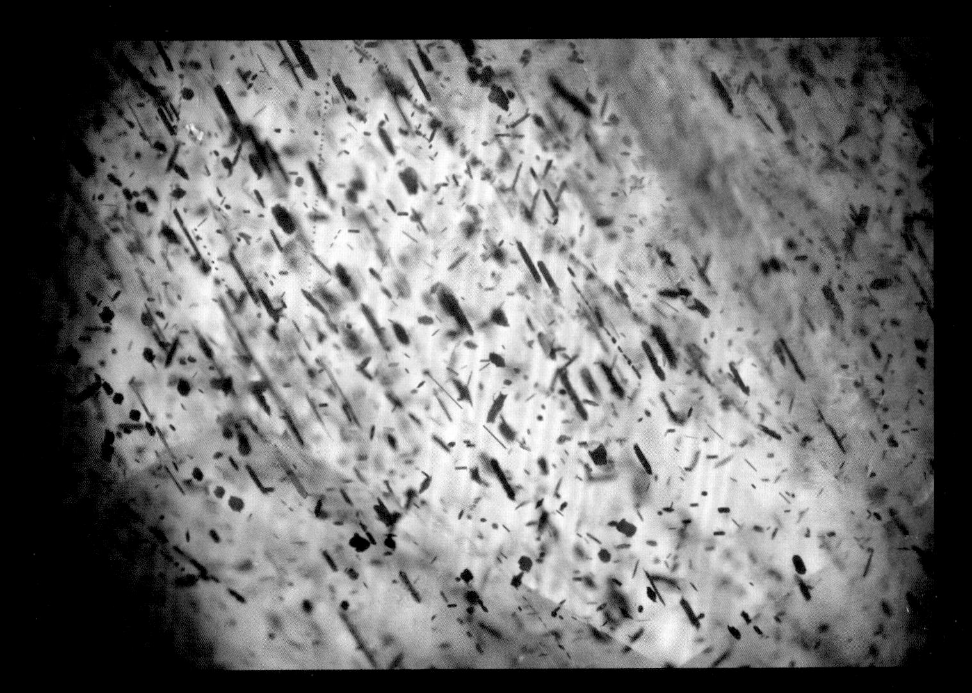

晕彩拉长石中的片状包体

星光红宝石中三组定向排列的针状包体是产生六射星光效应的主要原因

辨假工具

镊子用于夹取宝石裸石进行观察。图为一枚帕帕拉恰蓝宝石
图片提供：珠宝小百科董海洋

以上介绍的都是宝石辨假和鉴定所需的一些基础知识，了解了这些内容我们再借助一些小的辨假工具就可以进行辨假了。

两千五百年前，孔子就说过“工欲善其事，必先利其器”，可见使用恰当工具的重要性。宝石的辨假和鉴定除了具备必需的专业知识和丰富的实践经验外，工具也必不可少。

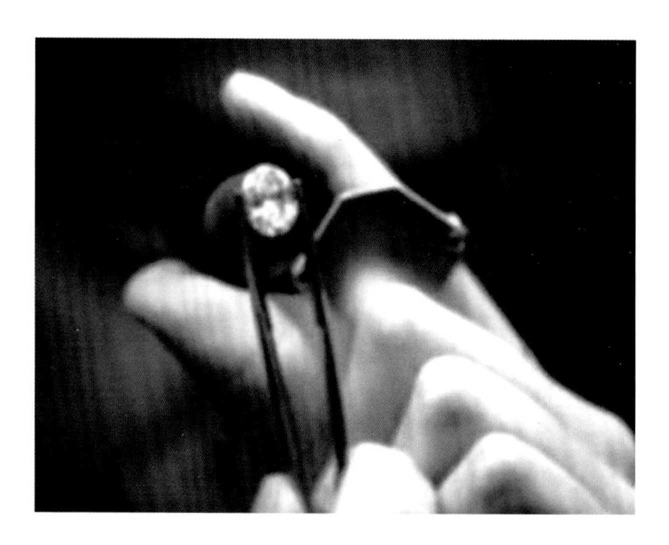

镊子和放大镜

常规宝石鉴定仪器

1. 镊子

宝石镊子是一种有尖头的夹持宝石的工具，内侧有凹槽或“#”纹以夹紧和固定宝石，便于用放大镜等工具观察。镊子主要针对宝石裸石使用。

2. 放大镜

对于宝石鉴定来说，利用光学放大至关重要。放大镜是最常用、最简便的宝石鉴定工具。在没有其他辅助仪器的情况下，仔细观察宝石的外部和内部特征可以提供大量的有意义的信息。正常眼睛的明视距离约 25cm，最常用的为 10X、25X 等，但是放大倍数越大，观察视野越小，焦距越短而难于操作。

放大镜主要用于观察宝石内外部特征：

（1）确定宝石的光泽、刻面棱线的尖锐程度、表面光滑程度、原始晶面、解理断口、多色性以及宝石的拼合特征等。

（2）观察包括色带、生长纹、后刻面棱线重影和内部各类型包体特征等。

（3）通过放大观察亦可观察宝石的切磨质量和抛光质量等。

观察者的知识、经验越丰富，获得的信息量越大。

3. 显微镜

显微镜是宝石鉴定中最重要的仪器之一，是放大镜的高级版。

（1）几种常用照明方式：

1）暗域照明：光源不直接照射在宝石上，可观察宝石内部各种矿物包体和生长特征。

2）亮域照明：光源直接照射到宝石上，有利于流体包体、色带、生

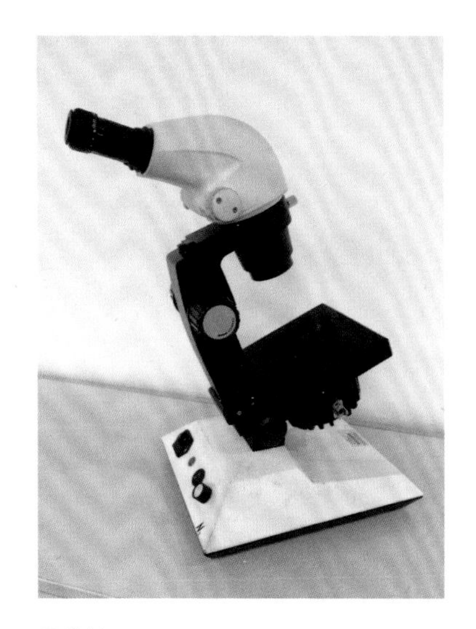

显微镜

长纹等包体的观察。

3）斜向照明：外界光源从斜向直接照射到宝石，可以观察固液包体、解理产生的薄膜效应。

4）偏光照明：在亮域照明条件下，加上偏光片，产生偏光或正交偏光，有利于观察宝石内部的应力分布、双折射现象、双晶等。

（2）显微镜主要应用于：

1）放大镜所有能观察到的，鉴定特征宝石显微镜能更好地观察到。

2）区分天然宝石与合成宝石、人造宝石、拼合宝石。

3）确定宝石是否经过人工优化处理。

4）鉴定彩色宝石的产地特征。

折射仪

4. 折射仪

宝石的化学成分和晶体结构决定了宝石的折射率，折射率是宝石最稳定的性质之一。

折射仪是用于测量珠宝玉石的折射率、双折射率、光性特征等性质的仪器。通过测试样品的折射率，进行相似宝石品种的区分；鉴定天然合成宝石（尖晶石与合成尖晶石）等。

5. 电子天平

天平是一种称量物体重量的工具。

电子天平主要用于测量待测样品的密度，为判断样品种类提供检测依据。也用于质量评价中彩色宝石重量的称量。

电子天平

6. 紫外荧光灯

紫外荧光灯是一种重要的辅助性鉴定仪器，用于观察珠宝玉石的发光特征。荧光反应很少能作为决定性依据，但能快速提供直观的图像，因而在宝石鉴定中也应用广泛。

主要应用：

（1）区分彩色宝石相似品种。

（2）区分天然与合成宝石、仿制品、拼合宝石等。

（3）辅助判断宝石是否经人工处理：充填、染色处理等。

（4）帮助判断某些宝石产地等：斯里兰卡产的黄色蓝宝石发黄色荧光，澳大利亚产的不发荧光。

紫外荧光灯

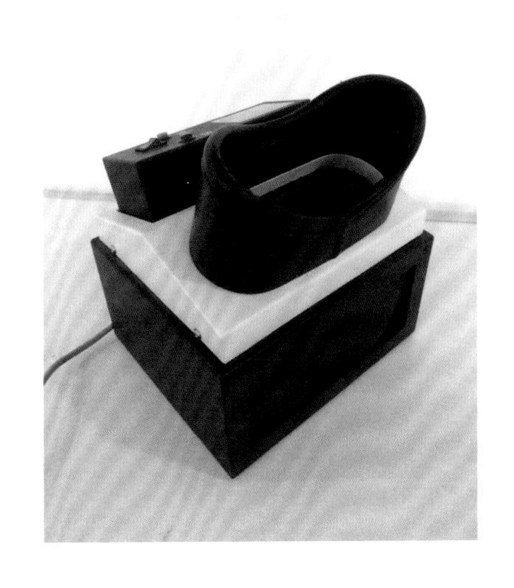

7. 偏光镜

主要用于鉴别宝石的光性特征，区分均质体、非均质体。

8. 二色镜

专门用于观察宝石多色性的一种常规小仪器，可辅助鉴定宝石品种和某些合成宝石。

9. 分光镜

宝石的颜色是对不同波长可见光选择性吸收的结果，宝石中的致色元素常有特定的吸收光谱，通过观察宝石的吸收光谱，可以帮助鉴定宝石品种，推断宝石致色原因，研究宝石颜色的组成。

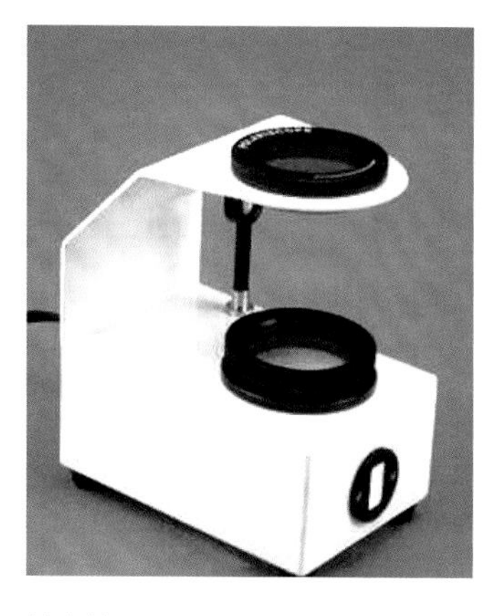

偏光镜

二色镜

分光镜

大型仪器（实验室）

1. 红外光谱仪

红外光谱仪是现代珠宝玉石检测中最常用的大型仪器，是每一个珠宝检测实验室的基本配置。红外光谱仪可以给我们带来如下帮助：

（1）区分待测样品宝石品种；

（2）区分某些天然与合成宝石；

（3）辨别某些待测样品是否经过人工处理。

2. 紫外—可见光吸收光谱仪

通过对样品的紫外—可见光吸收光谱的分析，可以：

（1）鉴别某些经过优化处理的宝石；

（2）探讨宝石呈色机理；

（3）宝石产地鉴定。

傅里叶变换红外光谱仪

GEM-3000 宝石检测仪

3. X 射线荧光光谱仪

该设备主要用于测量样品的微量元素测试，从而可以：

（1）鉴定宝石品种；

（2）区分某些合成和天然宝石；

（3）鉴别某些人工处理宝石。

4. 激光拉曼光谱仪

激光拉曼光谱仪主要针对微区进行无损分析，与红外吸收光谱是一种互补技术。

5. DiamondView 钻石观察仪

DiamondView 最初的设计目的是用来观察钻石的生长特征和发光现象，从而判断钻石是天然钻石还是合成钻石。

目前，DiamondView 常被作为用于彩色宝石检测的辅助工具。

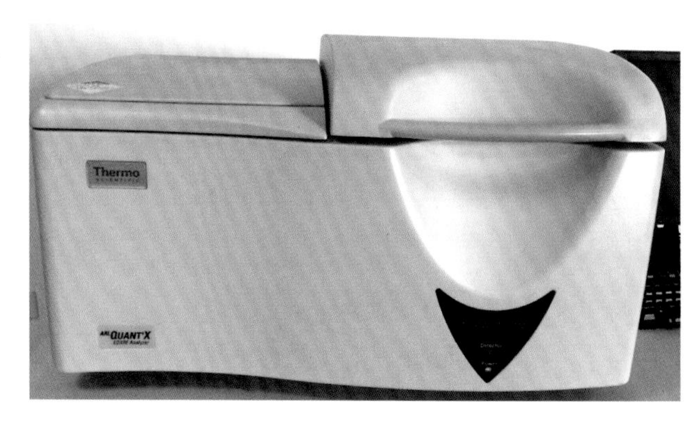

X 射线荧光光谱仪

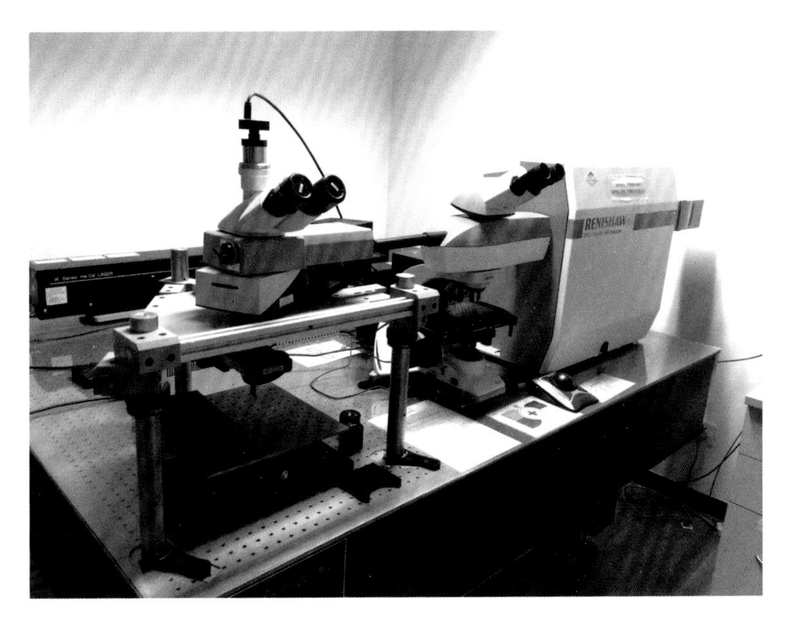

激光拉曼光谱仪

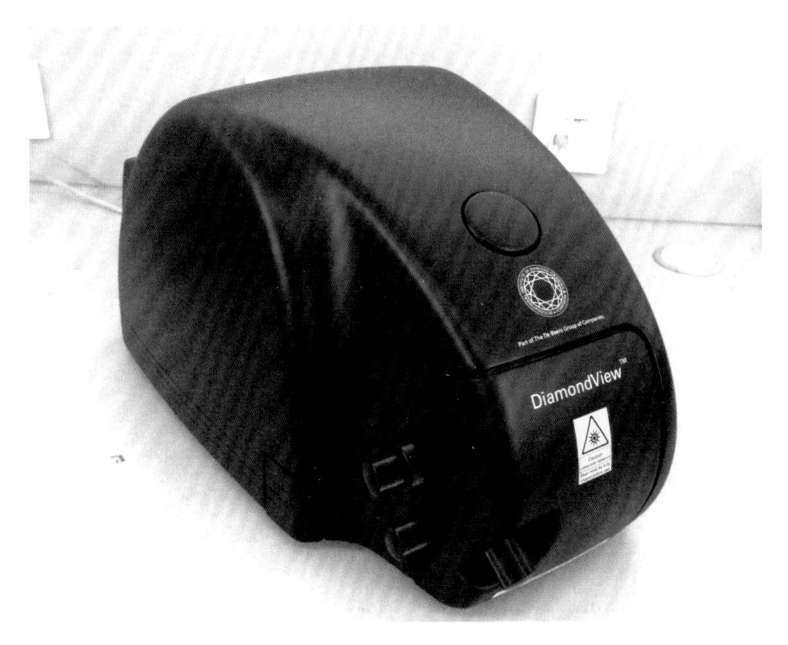

DiamondView 钻石观察仪

彩色宝石初级辨假——辨宝石品种

初级辨假我们辨“真”，本书将人工宝石与天然彩色宝石的辨别作为初级辨假的内容，因为广大消费者选购宝石最关心的首要问题是“真不真”，是否“真”？基础是宝石属性是天然产出，还是人工生产或制造?

人工宝石的辨别

人工宝石是相对于天然宝石而言的，是人工制造而非天然产出的宝石。天然宝石受限于生成的矿床条件严苛，蕴藏量有限且开采困难等因素，资源非常有限。若要进一步去芜存菁，要求颜色好、净度高、完美无瑕的晶体更稀少。为了缓解天然宝石供需矛盾，随着科技的发展，人工宝石被批量生产，尤其在工业应用方面已经替代了天然宝石。人工宝石用作首饰宝石的需求也十分庞大，如果您更多追求的是宝石的个大完美和装饰性，那价格低廉的人工宝石无疑是一个好的选择。

批量生产的各色合成刚玉晶体
图片来源：网络

五彩斑斓的人造宝石
图片来源：网络

本节将重点介绍与彩色宝石辨假相关的合成宝石以及人造宝石、拼合宝石的辨别。

合成宝石

合成宝石是人们运用现代科学技术，选用适宜的原材料，模拟天然宝石生长的温压条件等生长环境在实验室或工厂人工制造出来的宝石晶体。晶体合成方法有很多，彩色宝石常见合成方法有以下几种：

表 2-1　主要宝石合成方法

合成方法	方法原理	主要应用宝石品种
焰熔法	也称火焰法或维尔纳叶法，用火焰把原料熔化在熔体中进行晶体生长的方法	合成红蓝宝石、合成尖晶石、合成金红石等
助熔剂法	指在常压高温下，借助助熔剂的作用在较低温度下加速原料的熔融，从熔融体中生长出晶体的方法	合成红宝石、合成祖母绿、合成尖晶石等
水热法	也称热液法，指在密封的高压容器内，从水溶液中生长出晶体的方法	合成祖母绿、合成红宝石、合成橙色蓝宝石等
其他方法	冷坩埚生长法、晶体提拉法等	合成立方氧化锆、合成金绿宝石等

合成宝石具有与天然宝石基本相同的化学成分、晶体结构、物理化学性质等，加之合成技术的不断改进，有些合成宝石外观和鉴别特征越来越接近天然宝石，很多时候非常具有迷惑性。

助熔剂合成祖母绿晶体

天然祖母绿晶体

各色天然蓝宝石

各色合成蓝宝石

这枚豪华镶嵌的红色宝石饰品，配镶均为钻石，但经鉴定是一颗合成红宝石

合成粉色绿柱石晶体

大多数早期合成宝石的鉴定相对简单，我们借助简单的小仪器观察其外观或放大观察宝石内外部特征就能进行区分，但有些合成宝石必须在实验室由专业人员通过大型仪器测试才能确定。

1. 颜色等外观鉴定

合成宝石外观上看晶体个体较大，大多完美无缺；颜色艳丽、均匀，透亮、但不自然，较呆板。如果多颗合成宝石放在一起颜色较为一致，而天然品总会有微弱区别，每一颗都不同。

合成尖晶石饰品，颜色鲜艳均一，内部洁净，多用于仿蓝宝石

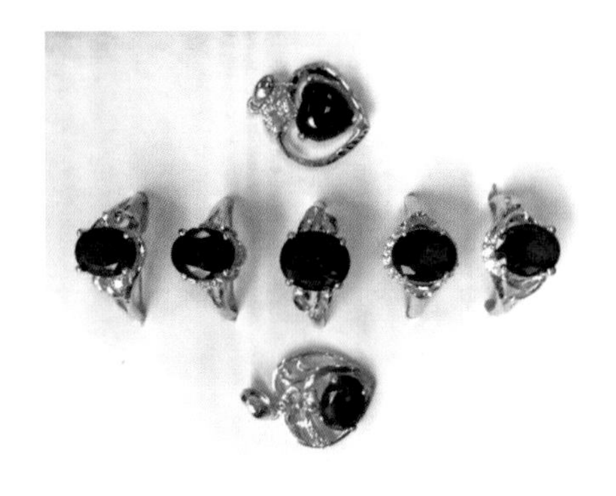

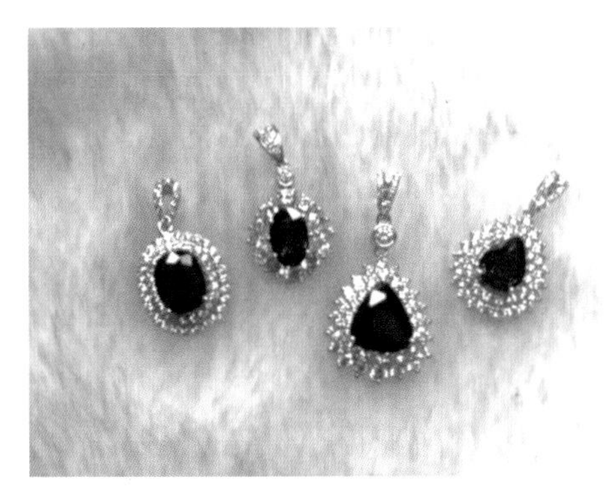

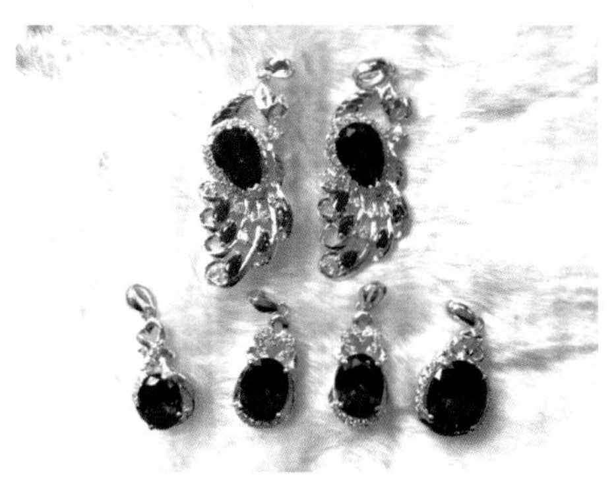

天然红宝石（左图）和焰熔法合成红宝石（右图）饰品图，天然红宝石颜色总有细微差别或带有不同色调，合成红宝石颜色均一鲜艳

2. 比重等鉴定

由于合成宝石和天然宝石具有基本相同的化学成分、晶体结构、物化性质等，所以两者比重、折射率、硬度等都非常接近，一般不作为辨别依据。

3. 多色性鉴定

由于合成品与天然品切割方式的差异，合成品可从台面方向观察到二色性，而天然品一般从台面难以观察到二色性，但不绝对。

4. 发光性鉴定

◎合成品的荧光通常比天然品强，因为天然品或多或少含有一些抑制荧光的元素，如铁(Fe）元素；

◎合成品有时由于添加了一些特殊元素如稀土元素而出现荧光异常现象；

◎多颗合成品荧光特征相对一致，而天然宝石每颗之间都有细微差异。

宝石的荧光特征可作为辅助判断依据。

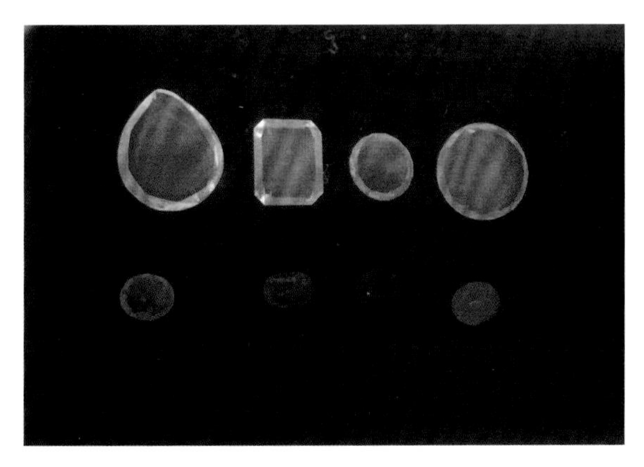

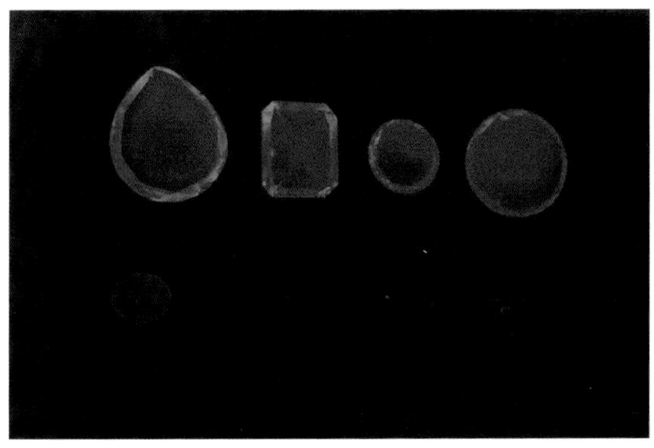

合成红宝石（上排）与天然红宝石（下排）紫外荧光对比图（上图长波；下图短波）

合成品的荧光通常比天然品强；多颗合成品荧光特征相对一致，而天然宝石会有细微差异

5. 包裹体特征鉴定

天然宝石是在自然界的漫长历史过程中逐渐结晶而成的，而合成宝石是在人工实验条件下很短时间内生长而成的，两者的形成环境有着天壤之别，因此，两者所含的包裹体种类及其特征亦明显不同。

鉴别天然和合成宝石，包裹体特征起关键性甚至决定性作用。接下来介绍一些最常见的、最典型的合成宝石包裹体特征。

（1）气泡

气泡是合成宝石的重要鉴定特征之一，焰熔法合成宝石中多见形态各异的气泡，大小不一，单个或成群出现，多为球形，也有拉长等变异气泡，有时小气泡密集出现云雾状包体。当气泡很小时，低倍放大镜下显示为小点，较难区分。

合成红宝石中的拉长气泡，似蝌蚪状

焰熔法合成红宝石中密集小气泡群，呈云雾状

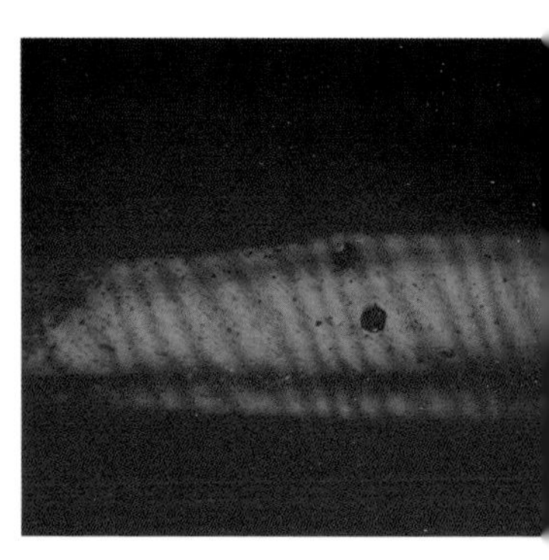

合成红宝石表面可见圆形气孔

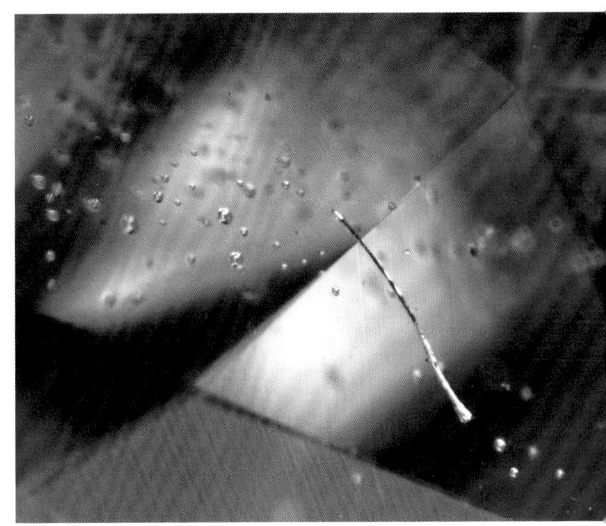

合成蓝宝石中的球形气泡及空管

(2) 生长纹、色带等

弧形生长纹：焰熔法或晶体提拉法生长的宝石晶体横截面可见像唱片一样密集的弧形生长纹或弧形色带，这是焰熔法合成宝石的重要鉴定依据，在合成刚玉宝石和合成变石中多见。

波状、树枝状、锯齿状生长纹等：水热法合成宝石内部常见一些特殊形态的生长纹如波状、树枝状、锯齿状生长纹，是天然宝石中所没有的，可作为重要鉴定特征。

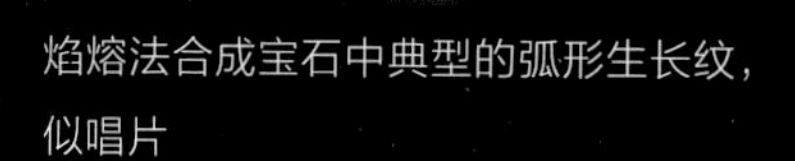

焰熔法合成宝石中典型的弧形生长纹，似唱片

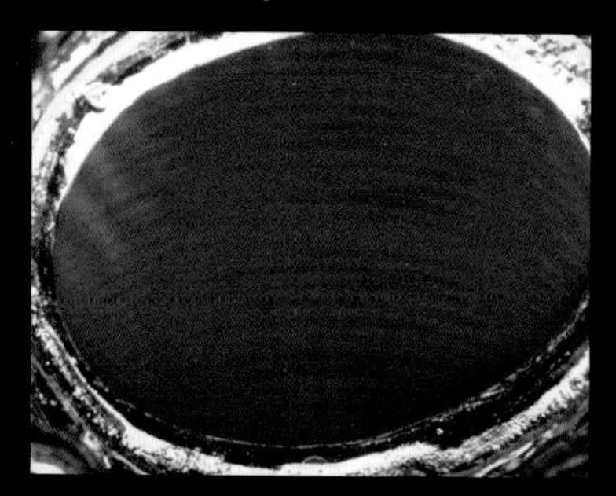

合成星光红宝石底部肉眼即能观察到明显弧形生长纹

合成蓝宝石弧形色带，肉眼可见

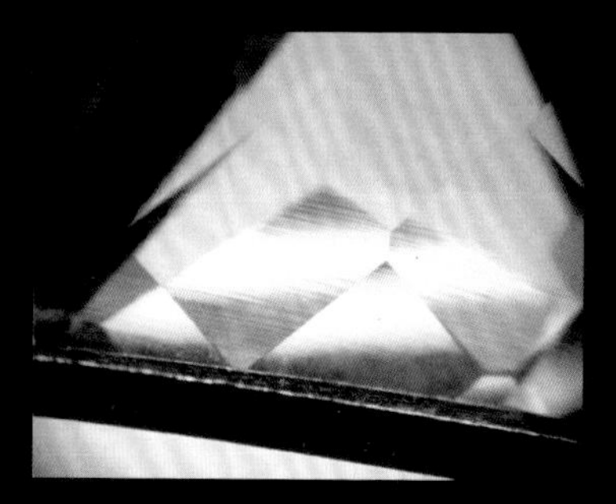

合成变石中的弧形生长纹，细而密集，需仔细观察

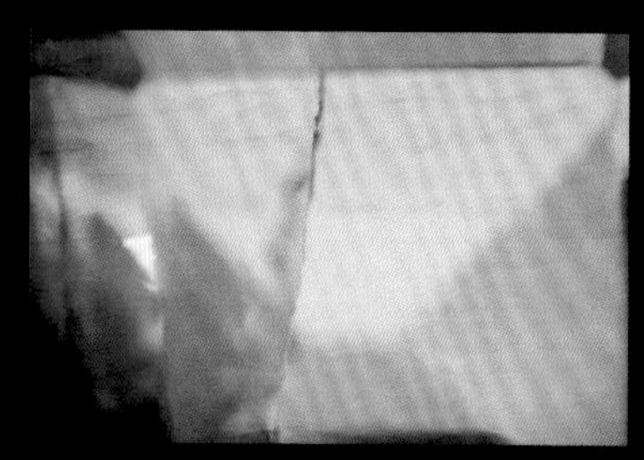

水热法合成祖母绿中波状生长纹

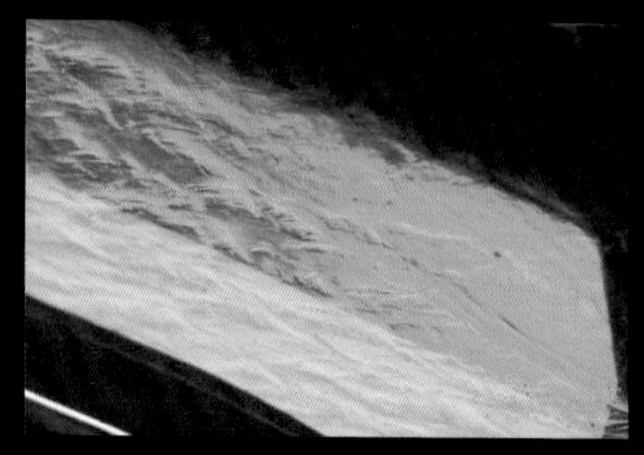

俄罗斯水热法合成祖母绿中鱼刺状生长纹，可作为鉴定依据

照片提供：刘燕

助熔剂或水热法合成宝石中有时也会出现天然宝石中常见的平直或角状生长纹或色带，只是这种生长纹或色带较窄，而天然品色带较宽，较不规则。所以类似的生长特征需谨慎应用或需结合其他鉴定特征进行综合判断。

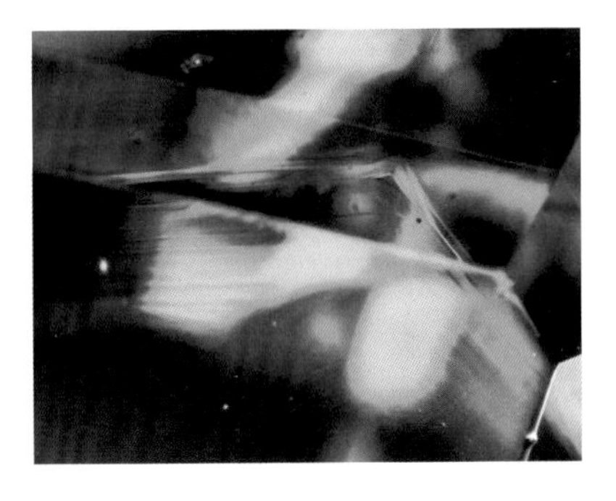

水热法合成祖母绿中角状生长纹

（3）助熔剂残余

助熔剂残余是助熔剂合成宝石中常见且具典型鉴定特征的包体，一般呈无色、白色和橙黄色，形态各种各样：雨滴状、栅栏状、指纹状、窗纱状等。助熔剂合成宝石内部特征比较接近天然宝石，需仔细区分。

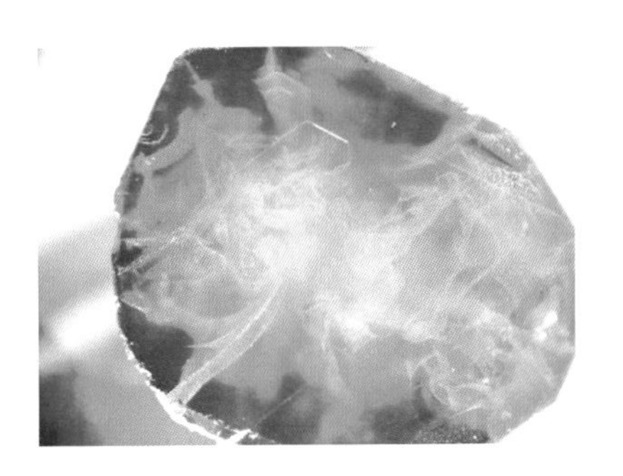

合成祖母绿中的云翳状助熔剂残余

助熔剂合成红宝石中栅栏状助熔剂残余
图片来源：网络

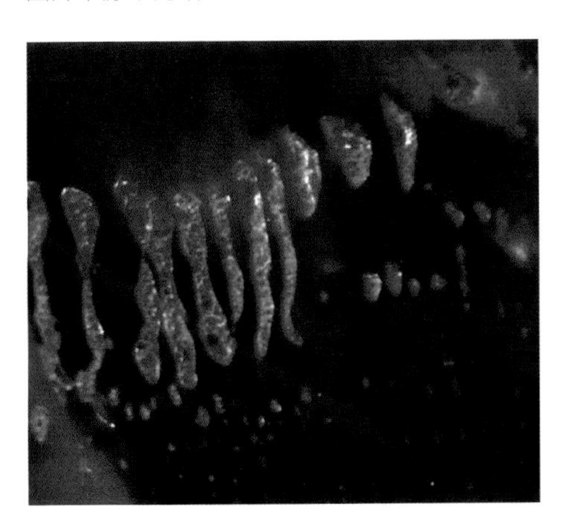

合成红宝石中的窗纱状助熔剂残余，与天然红宝石中气液包体类似

（4）籽晶、金属包体、钉状包体等

助熔剂、水热法合成宝石中有时可见三角六边形或不规则多边形铂金属片，反射光下具金属光泽，类似金属包体一旦出现，可作为合成宝石诊断性鉴定依据。水热法生长的晶体内常含有固态包体如结晶相包体，如：合成祖母绿中的硅铍石，有时还可见由硅铍石晶体和孔洞组成的钉状包体。水热法生长晶体，必须使用籽晶片。因此，籽晶片的存在可作为确定宝石为合成品的有力证据。

具特殊光学效应的合成宝石常见的有合成星光刚玉宝石、合成变色蓝宝石、合成变石等。

天然宝石：摩根石

助熔剂合成宝石中铂金属片

图片来源：网络

助熔剂合成尖晶石中的坩埚金属材料包体

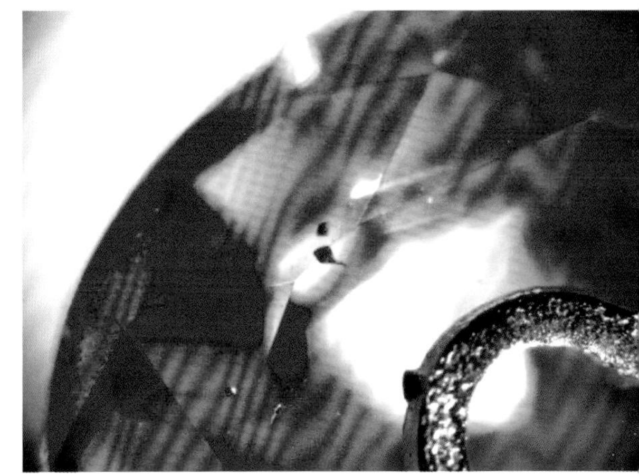

水热法合成祖母绿中的硅铍石晶体包体

合成水晶肉眼可见籽晶板

（5）具特征光学效应的天然宝石 VS 合成宝石

合成星光刚玉宝石可呈各种颜色，星线仅存在于样品表层，星线完整、清晰，线较细，而天然刚玉宝石中星线产生于样品内部，星线可能有缺失，不完整，星线也较粗。

天然星光红宝石星线较粗

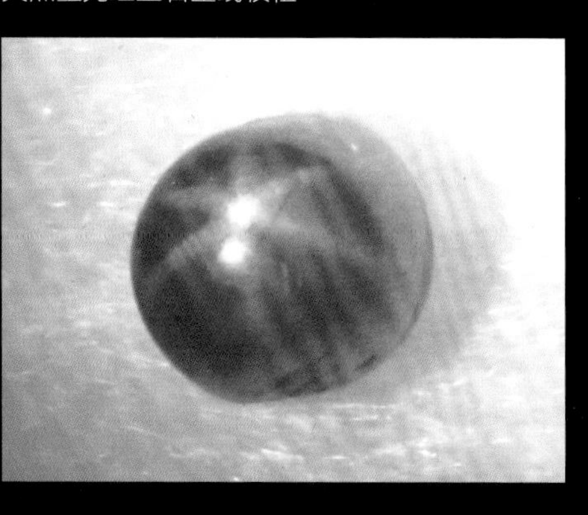

合成星光红宝石肉眼可见规则的弧形生长纹，表面六射星线较细，仅存在于表面，不自然

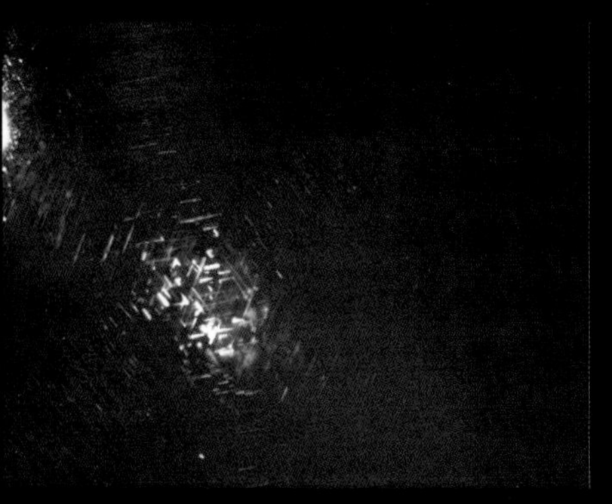

天然的星光红宝石中三组定向排列的金红石包体是产生星光的原因

合成星光红宝石近表层为密集的絮状物

6. 大型仪器测试

当样品的显微特征不典型，无法确定是天然还是合成品时，实验室需要借助大型仪器分析进行鉴定，常使用到的大型仪器有红外光谱仪和成分分析测试仪。

(1) 红外光谱分析

红外光谱主要用于区分天然和合成祖母绿，也可用于天然变石与合成变石、天然水晶与合成水晶的区分。例如：祖母绿的合成方法主要有助熔剂法和水热法，天然祖母绿和水热法合成祖母绿均含水，但所含水的类型不同，而助熔剂法合成祖母绿无水参与，所以利用红外光谱仪（重点关注 6000 ~ 5000cm^{-1}）可快速且有效地将三者进行区分。

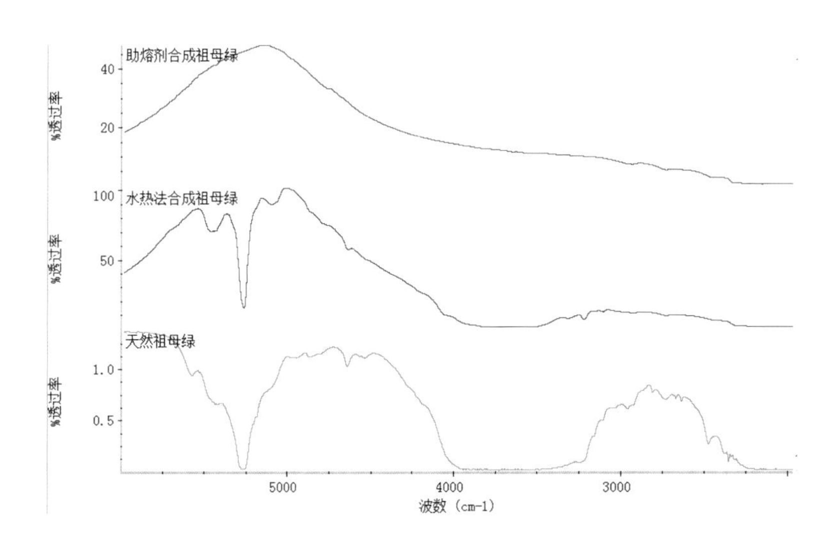

由上至下为助熔剂合成祖母绿、水热法合成祖母绿、天然祖母绿红外光谱图

(2)成分测试

微量元素的测试分析是除了包裹体特征外最有效的鉴定方法。天然宝石生长环境更为复杂，所含杂质微量元素也更复杂多样；而合成宝石一般成分较纯，还会出现一些非天然宝石中含有的元素，所以微量元素的测定可有效地应用于天然与合成宝石的区分。如：合成红宝石中显示微量铂（Pt）元素的存在可作为诊断性鉴定依据。

总的来说，合成宝石与天然宝石的鉴定主要通过放大观察内部包裹体特征，必要时借助大型仪器分析，可辅助外观、多色性、发光等特征进行区分辨别。

表2-2　天然宝石与合成宝石的鉴别

	包裹体特征	重要鉴别方法
天然宝石	气液包体、各种晶体包体、双晶、色带、生长纹等	放大检查、成分分析
助熔剂合成宝石	各种形态助熔剂残余、三角形六边形铂金片等	放大检查、成分分析
焰熔法合成宝石	弧形生长纹、各种形态气泡等	放大检查、成分分析
水热法合成宝石	波状生长纹，锯齿状生长纹；籽晶、金属包体，钉状包体等	放大检查、红外光谱、成分分析

各色人造钇铝榴石（YAG）仿宝石

常见的人工宝石仿制品

为了满足社会对装饰性宝石的大量需求，宝石学家们致力于寻找各种人造材料作为天然宝石的替代品。人造宝石价格便宜、品质容易掌控、产量也容易掌控。人造宝石与合成宝石的主要区别在于合成宝石有天然对应品，而人造宝石没有。一般而言，越是价值高的宝石越值得用复杂昂贵的合成方法制造，而较便宜的宝石则常用玻璃、塑料等来仿制。

市场上最常见的宝石仿制品有玻璃、塑料、合成立方氧化锆（CZ）、人造钇铝榴石（YAG）、人造钆镓榴石（GGG）等。下面给大家重点介绍市场上最常见的两种彩色宝石仿制品。

1. 玻璃

玻璃用于仿制宝石已有数千年的历史，是一种较便宜的人造宝石，可用于仿制各种颜色、各种透

明度、各种特殊光学效应的天然宝石品种，可以说是最万能的一种宝石仿制品。

制造彩色玻璃需要添加不同的元素致色：锰（紫色）、钴（蓝色）、硒（红色）、铁（黄色、绿色）、铜（红色、绿色、蓝色）、铬（绿色）等。

有些无色玻璃可以通过在其亭部涂一层颜料或真空喷镀一层薄膜来使其呈色。一些仿贵重宝石玻璃都是通过在亭部镀一层膜用以改善

仿各种颜色天然宝石的玻璃裸石

仿水晶玻璃饰品

各色玻璃猫眼

玻璃仿祖母绿原石（上为天然祖母绿原石、下为玻璃）

周大福彩宝首饰——孔雀宝石戒指

镀膜玻璃仿宝石，样品表面强金属光泽

其色散和明亮效果。

玻璃仿制品的鉴别：

（1）外观特征：玻璃仿宝石颜色一般较天然宝石鲜艳、均匀、呆板，不自然。如果玻璃仿制品是压模制造的，通常会呈现棱线圆滑和刻面内凹的现象，产生的原因是冷却过程中收缩造成的。

（2）摩氏硬度：5～6，低于大多数它们所模仿的天然宝石。

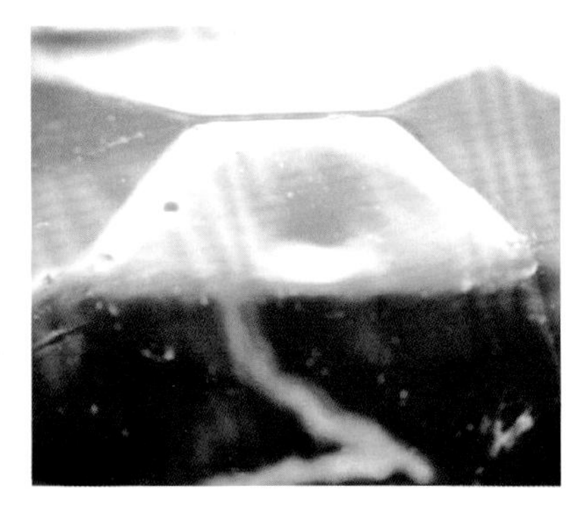

压模玻璃表面刻面内凹现象以及气泡到达表面产生半圆形的空洞

（3）折射率：一般折射率1.47～1.70，最高可达1.95，折射率的高低主要源于添加了不同元素所致。

（4）光性特征：玻璃是非晶态物质，均质体。

（5）比重：一般为2.3～4.5，随化学成分不同变化很大。

（6）特殊光学效应：可具猫眼、星光、变色等效应。

（7）显微放大特征：通常内部洁净，典型的玻璃仿宝石制品含有气泡，气泡大多呈球形，也可呈椭圆形、拉长形甚至管状，如果气泡到达表面就会产生一个半圆形的空洞，或产生流动线或不规则的交错色带。

（8）大型仪器分析：实验室利用红外光谱

变色玻璃，冷光源下呈绿色（左）、暖光源下呈红色（右）

玻璃中孤立圆形气泡以及平直生长纹

玻璃中流动线

玻璃仿月光石（光彩效应）

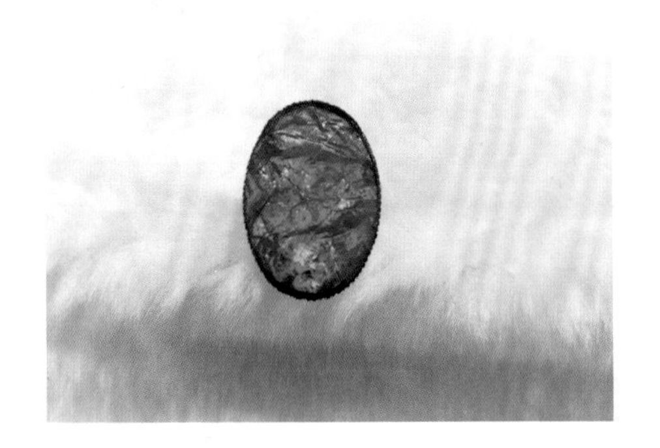

玻璃仿欧泊（变彩效应）

仪等大型仪器可迅速区分天然宝石品种和玻璃仿制品。

玻璃可用作仿制各种具有光学效应的宝石，最常见的是玻璃猫眼。具有猫眼效应的天然宝石通常含有定向排列的包体或结构特征，与玻璃猫眼有很大区别，很容易区分。

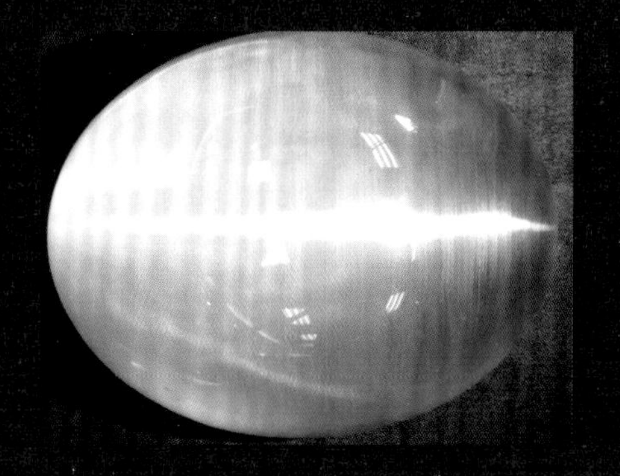

天然托帕石猫眼

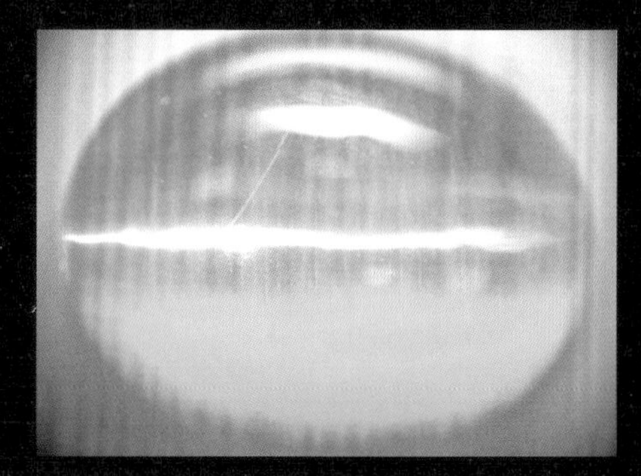

玻璃猫眼

产生托帕石猫眼效应的原因是内部含有定向排列的包体

产生玻璃猫眼效应的原因是成束的纤维材料熔结在一起

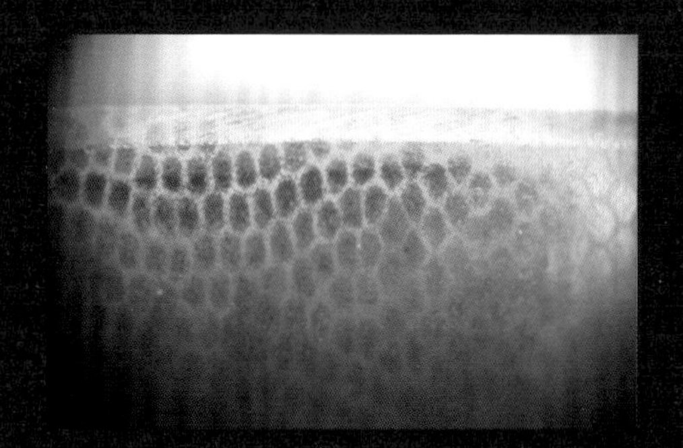

玻璃猫眼侧面观察典型的“蜂窝状构造”特征，玻璃纤维以四边形或六边形排列方式堆积。天然宝石中无此结构特征

2. 合成立方氧化锆（简称 CZ）

合成立方氧化锆是市面上很常见的天然宝石仿制品，由于其光泽强、色散强，最常用作宝石饰品上的配镶钻石仿制品。

各色合成立方氧化锆仿宝石

合成立方氧化锆鉴别特征：

（1）颜色：可呈现各种颜色，粉色、黄色、紫色、橙色、红色等。

（2）光泽：亚金刚光泽。

（3）比重：5.8，一般比仿制的宝石都大，掂重可感觉其比重明显大。

（4）色散：强（0.060）。

（5）放大检查：通常内部洁净，有时可见未完全熔化的面包屑状氧化锆粉末。

（6）大型仪器：红外光谱、成分分析［主要成分锆（Zr）］均可进行快速准确鉴别。

合成立方氧化锆的强光泽、高色散和大密度是其重要鉴别特征。

大颗粒合成立方氧化锆

拼合宝石

宝石的拼合早在罗马帝国时代就有了，进行拼合的主要目的是：

◎使较小的天然宝石经拼合成较大的宝石，使宝石的颜色和外观更漂亮。

◎一些硬度低的宝石通过拼合可以使宝石更耐久且光泽更强。

◎拼合还可为又薄又易损坏的天然宝石薄片提供坚硬的外壳，如欧泊。

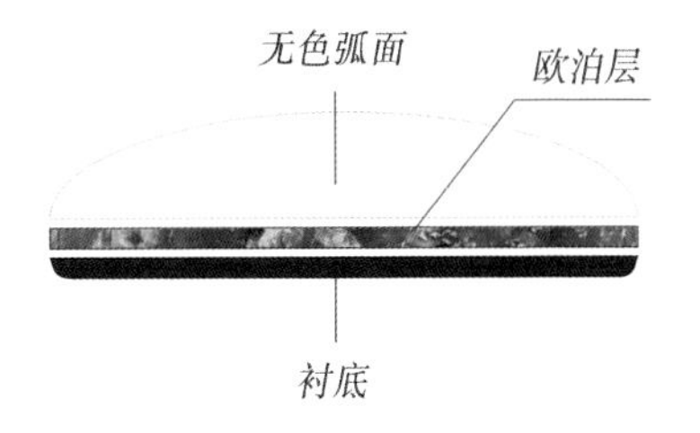

欧泊三层石示意图
图片提供：陈永洁

国际上将两块宝石组成的拼合石叫二层石，三块组成的叫作三层石。组成部分可以是天然、合成或人造材料。

二层拼合石是指用胶粘或熔接的方法把两种材料拼合起来，例如天然刚玉与合成刚玉拼合石、石榴石与玻璃拼合石、祖母绿与玻璃拼合石等。

三层拼合石常用无色胶将三块材料粘接在一起，如欧泊拼合石，上下两层为玻璃等，中间一层是具

拼合水晶仿祖母绿饰品

拼合水晶仿祖母绿，上层为合成水晶，下层为水晶，结合面可见气泡

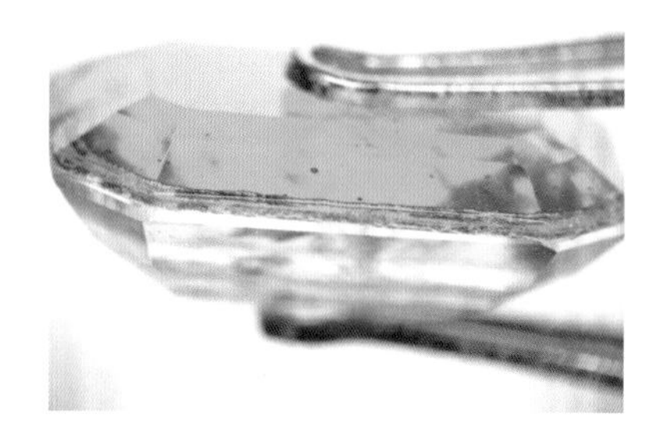

变彩效应的天然欧泊。

另一种是用彩色物质与另外两块宝石材料胶粘在一起，如水晶拼合石等。

拼合宝石的鉴别：

1. 外观等鉴别

颜色：有些拼合石上下选用不同的材料，上下两层颜色通常不一致。

光泽：常见的玻璃拼合石由于冠部和亭部材料折射率差异而致光泽不一致。

2. 发光性鉴别

从侧面观察可见上下层材料荧光特征不一致，或可见中间胶层有明显荧光反应。

3. 放大观察鉴别

肉眼或用放大镜从宝石腰部仔细观察，可见拼合线，在拼合的胶质层中可见气泡、有色物质或网状裂纹。用显微镜观察其内部包裹体特征，有时出现上下层包体特征不同，尤其是冠部天然亭部合成的拼合宝石。

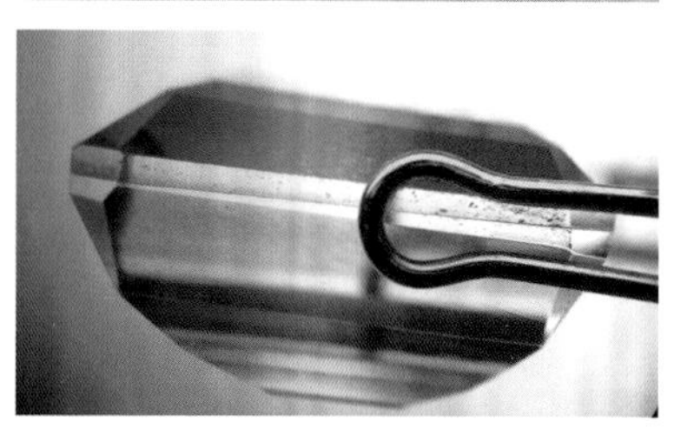

拼合水晶仿西瓜碧玺，上下为无色水晶，中间一层为彩色物质，侧面观察可见明显拼合痕迹

蓝宝石拼合石，腰部观察可见拼合线

从腰部清晰可见二层拼合石的拼合线，上部为天然蓝宝石，底部为蓝色合成蓝宝石

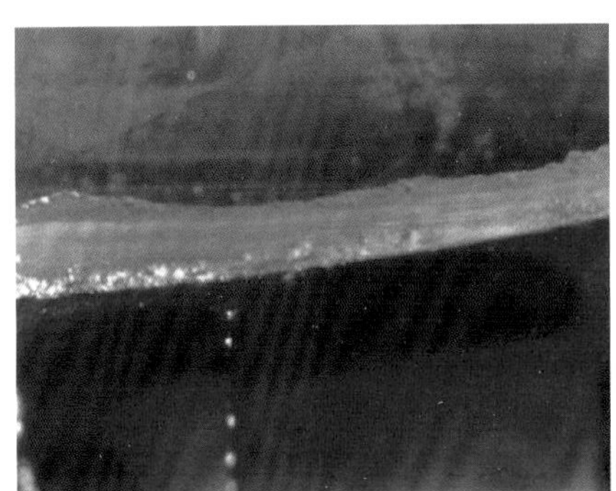

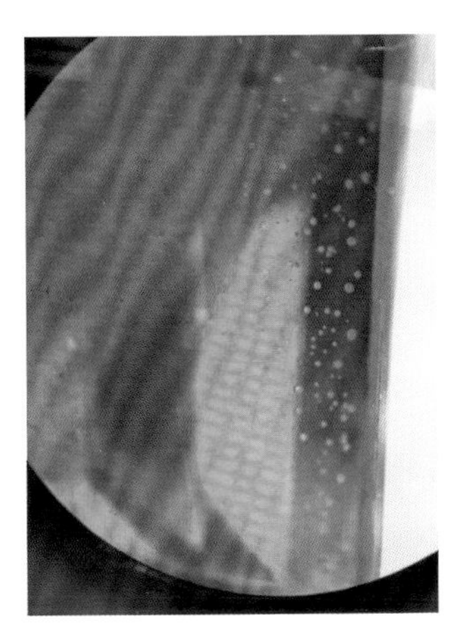

拼合水晶仿碧玺，拼合面可见被压扁的气泡

拼合水晶仿碧玺，拼合面上的彩色胶层，上、下层无色

4. 大型仪器测试

通过红外光谱仪测试可发现冠部和亭部为不同物质的材料等。

鉴别拼合宝石最简易、快速、有效的方法就是从宝石的腰部仔细观察是否有拼合特征。结合宝石外观、发光性、红外光谱测试等上下不一致进行判断。

红碧玺 Rubellite
图片提供：深圳新中泰公司

彩色宝石相似品种的辨别

同色系相似品种的辨别有时相对容易，经验丰富的宝石学家们仅凭细微外观差别也能做正确区分。但大多数时候宝石品种的确定需要在实验室通过多个物理光学性质参数的测定，结合宝石内部包体特征的观察、大型仪器测试等进行综合判断。

接下来依次介绍最常见的红、蓝、绿、黄四大色系常见彩色宝石相似品种的辨别特征。

红色—粉红色系彩色宝石

人们常用许多美丽的辞藻来形容红宝石的华丽高贵，红色象征着热情、爱情、喜庆、自信，是一

精美的红碧玺饰品
图片提供：深圳新中泰

精美的红宝石胸针饰品
图片提供：深圳新中泰

种能量充沛的色彩。在自然界中，红色宝石受到很多人的热爱和追捧，红色的宝石有很多种，但只有刚玉家族的红色宝石才能直接称为“红宝石”。

最常见的红色宝石有红宝石、尖晶石、红碧玺、石榴石等。最常见的粉色宝石有粉色蓝宝石、粉色尖晶石、粉色碧玺、粉色绿柱石（摩根石）等。

粉色尖晶石
图片提供：古柏林实验室

表 2-3　常见红—粉色系列彩色宝石品种

红宝石 	星光红宝石 	尖晶石 
石榴石 	碧玺 	红色绿柱石 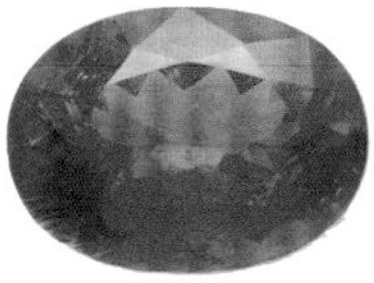
蔷薇辉石 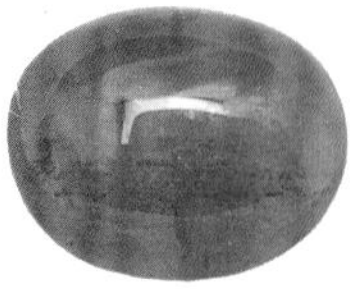	粉色蓝宝石 	粉色碧玺 
粉色尖晶石 	粉色绿柱石 	芙蓉石 

红宝石内部愈合裂隙

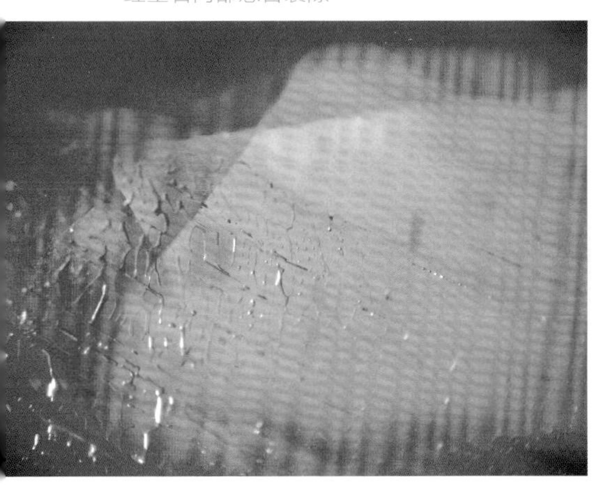

红宝石内部雾状包体

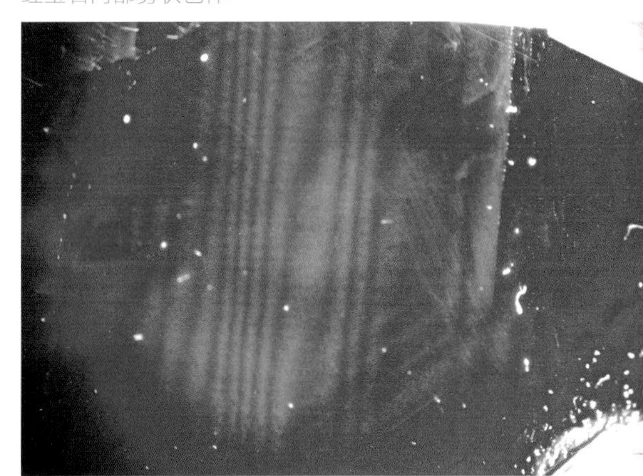

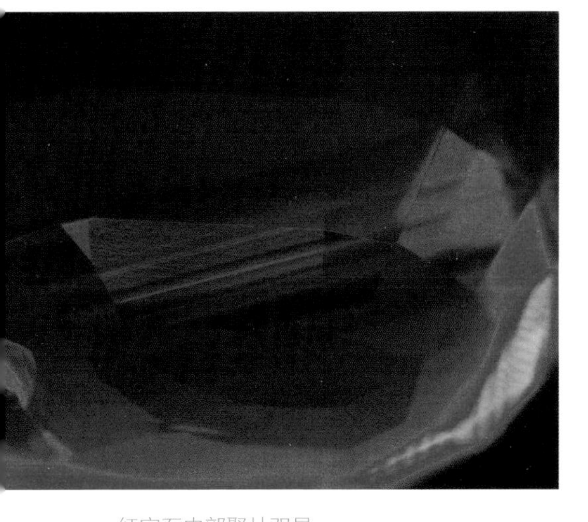

红宝石内部聚片双晶

红宝石内部特征 120 度角状生长结构和针状包体

星光红宝石中三组定向排列的金红石
针状包体光彩夺目

尖晶石内“串珠状”排列的晶体包体

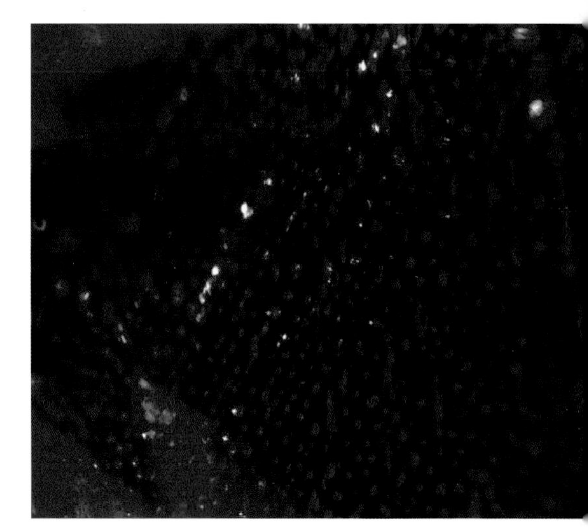

石榴石内矿物晶体包体

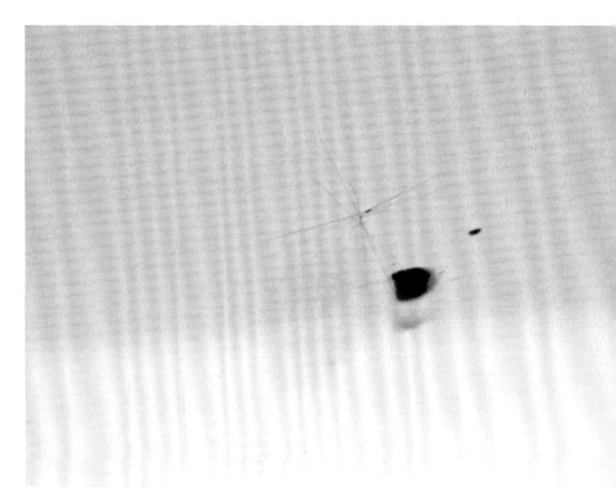

石榴石内不同方向细针状包体

周大福彩宝首饰——花形宝石项链

表 2-4　红宝石与相似宝石物理性质及鉴定特征

宝石名称	外观特征	多色性	发光性	比重	折射
红宝石	红一紫红；玻璃一强玻璃光泽	中， 紫红／红； 橙红／红	LW: 弱一强红、橙红 SW: 无一中红、橙红等	4.00 ±	1.762 ~ 1.770
碧玺	粉红、紫红、褐红；玻璃光泽	强多色性	弱，红一紫	3.06 ±	1.624 ~ 1.644
镁铝榴石	红、橙红；玻璃光泽	无	无	3.78 ±	1.714 ~ 1.742
铁铝榴石	紫红一红、褐红；强玻璃光泽	无	无	4.05 ±	> 1.76
尖晶石	粉红、褐红、橙红；玻璃光泽	无	LW: 弱一强红、橙红 SW: 无一弱红、橙红等	3.60 ±	1.718
绿柱石	红，粉红；玻璃光泽	强多色性	无	3.10 ±	1.607 ~ 1.619
红柱石	褐红一红；玻璃光泽	强多色性， 褐红 / 褐绿 / 褐橙	无	3.17	1.634 ~ 1.643
水晶	粉	弱	无	2.65 ±	1.544 ~ 1.553

摩氏硬度	包裹体特征	重要辨别特征及说明
9	针状、丝状、雾状、指纹状包裹体；聚片双晶纹；金红石针呈 60° 角相交等	颜色常见红色和紫红色品种；二色镜下可见明显二色性；硬度高仅次于钻石；导热性好，热导仪测试有明显反应；流体、晶体包体非常丰富，常见聚片双晶纹，几组金红石针状包体等；铬（Cr）吸收光谱；六射星光，有时可见十二射星光；“达碧兹”特殊现象
7 ~ 7.5	裂隙发育，特征的扁平液态包体及管状包体等	颜色丰富；多色性明显；双折射明显（易见刻面重影现象）；流体包体非常丰富，常见特征扁平液态包体及不规则管状包体；内红外绿又称“西瓜碧玺”；红色微带紫色调的碧玺由于外观很像红宝石又称“Rubellite”，是碧玺家族中的重要品种
7 ~ 7.5	金红石针状包体，晶体包体等	无多色性；荧光惰性；内部特征较红宝石洁净，常见浑圆状晶体包体；四射、六射星光
7 ~ 7.5	锆石晕不规则分布呈糖浆状、针状包体、各种晶体包体等	颜色较暗；无多色性；荧光惰性；内部特征较红宝石洁净，常见针状、浑圆状晶体包体；铁（Fe）吸收光谱；四射、六射星光
8	细小八面体负晶单个或定向排列等	颜色常带粉色调；无多色性；内部特征八面体负晶体单个出现或呈串珠状排列
8	流体包体等	红色绝绿柱石品种比较稀有，常见褐粉色绿柱石（摩根石）；多色性明显
7 ~ 7.5	气液、晶体包体等	肉眼可见强多色性
7	致密块状	粉水晶又称“芙蓉石”，多见弧面型和球形琢型；外观有时呈云雾状；透射光下可见星光效应

蓝色—蓝紫色系彩色宝石

静谧而沉稳，永恒的蓝色象征着冷静、理智、安详与宽广，深受人们的喜爱。蓝色的宝石品种有很多种，同样只有刚玉家族的蓝色宝石能直接称为“蓝宝石”，再次说明的是除红色系刚玉宝石外，其他颜色的刚玉宝石都可称作“蓝宝石”。

常见的蓝色—蓝紫色彩色宝石品种有：蓝色蓝宝石、尖晶石、坦桑石、蓝晶石、碧玺、海蓝宝石等。

蓝色宝石

表 2-5 常见蓝色—蓝紫色系列彩色宝石品种

蓝宝石	 星光蓝宝石	 尖晶石 
坦桑石	 蓝晶石	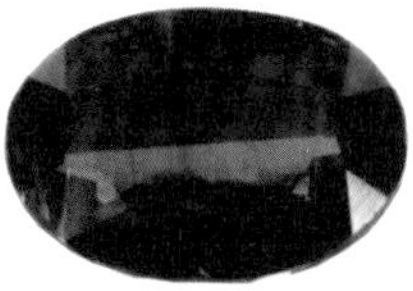 堇青石 
海蓝宝石	 托帕石	 蓝碧玺 
帕拉伊巴碧玺	 磷灰石	 萤石 
锆石	 蓝锥矿	

表 2-6　蓝宝石与相似宝石鉴定特征

宝石名称	外观特征	多色性	发光性	比
蓝宝石	浅蓝一深蓝，蓝一蓝紫色；强玻璃光泽	中，浅蓝 / 蓝、蓝 / 蓝绿、蓝 / 灰蓝	无	4.00 ±
碧玺	蓝，灰蓝；玻璃光泽	深蓝 / 浅蓝	无	3.06 ±
坦桑石	紫蓝，褐绿蓝；玻璃光泽	强，蓝 / 紫红 / 绿黄	无	3.35 ±
尖晶石	蓝；玻璃光泽	无	无	3.60 ±
堇青石	蓝，紫蓝色；玻璃光泽	强三色性，无一黄 / 蓝 / 紫	无	2.61 ±
蓝晶石	浅蓝一深蓝；玻璃光泽	中，无色 / 深蓝 / 紫蓝	无至弱	3.68 ±
萤石	蓝，绿蓝；亚玻璃光泽	无	LW：强蓝、绿	3.18 ±
蓝锥矿	浅一深蓝；玻璃一强玻璃光泽	强，无色 / 蓝	LW：无 SW：强，蓝	3.68 ±
磷灰石	绿蓝色；玻璃光泽	强，蓝 / 浅蓝、蓝 / 黄	LW：无 SW：蓝	3.18 ±
锆石	浅蓝一蓝；亚金刚光泽	强，蓝 / 棕黄一无色	LW：无一中蓝 SW：无	4.70 ±
海蓝宝石	浅蓝，天蓝；玻璃光泽	弱一中，蓝 / 浅蓝	无	2.72 ±
托帕石	浅蓝；玻璃光泽	弱	无	3.53 ±

折射率	摩氏硬度	包裹体特征	重要辨别特征及说明
.762 ~ .770	9	平直或角状色带、针状、丝状、雾状、指纹状包裹体，各种矿物晶体包体	二色镜下或肉眼可见明显二色性；硬度高仅次于钻石；导热性好，热导仪测试有明显反应；常见平直、角状色带或色块，流体包体，针状及各种晶体包体；铁（Fe）吸收光谱；六射星光，有时可见十二射星光
.624 ~ .644	7 ~ 7.5	裂隙发育，线状、管状包体	颜色丰富；双折射明显（易见刻面重影现象）；常见平行排列的线状、管状包体；铜元素致色的“电光”蓝帕拉伊巴碧玺为名贵品种；可见猫眼效应
.691 ~ .700	6 ~ 7	气液、晶体包体	市面上颜色均匀深蓝色晶体多经加热处理，内部一般较洁净；强多色性
.718	8	多裂隙，细小八面体负晶	无多色性；折射率较稳定；细小晶体包体
.542 ~ .551	7 ~ 7.5	气液包体	颜色特征，略带紫色调，强三色性
.716 ~ .731	4 ~ 7.5	色带，固体包裹体	摩氏硬度随晶体方向不同而异；两组解理
.434 ±	4	两相或三相包体	光泽弱，折射率低；无多色性；硬度低；强荧光反应；四组完全解理；可见变色效应
.757 ~ .804	6 ~ 6.5	色带，双影	强二色性；双折射率大（0.047），刻面棱线可见明显双影现象
.634 ~ .638	5	气液包体、晶体包体	硬度低，刻面棱线易被磨损；可见猫眼效应
.925 ~ .984	6-7	愈合裂隙、矿物包体、双影	强光泽；强双折射（0.059），刻面棱线可见明显双影现象；特征653.5nm吸收峰
.577 ~ 583	8	气液包体，定向排列的管状包体，有时呈“雨丝状”等	绿柱石族，易见大颗粒；“雨丝状”包体；铁（Fe）吸收峰；可见猫眼效应
.619 ~ .627	8	气液包体等	市场上蓝色托帕石多经辐照处理，但颜色稳定；可见猫眼效应

星光蓝宝石

纯净度好的大个海蓝宝石晶体

比量小颗粒海蓝宝石（左图）中混有玻璃（右图左）和相似品种托帕石（右图右）

蓝宝石内部三组金红石针状包体

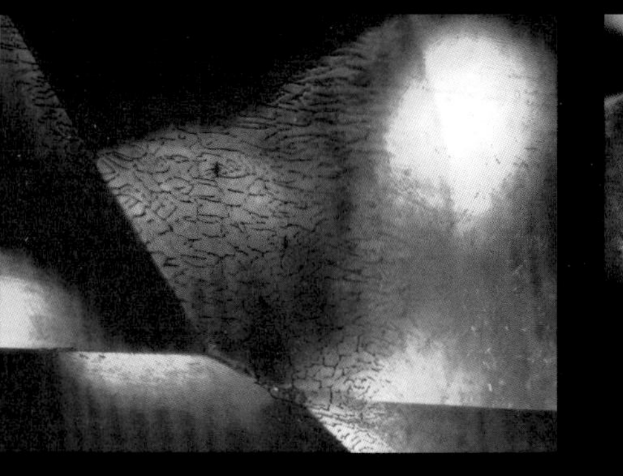

蓝宝石内部指纹状气液包体

蓝宝石内愈合裂隙

海蓝宝石内部定向排列的特征雨丝点状包体

蓝晶石内部平行排列的丝状包体

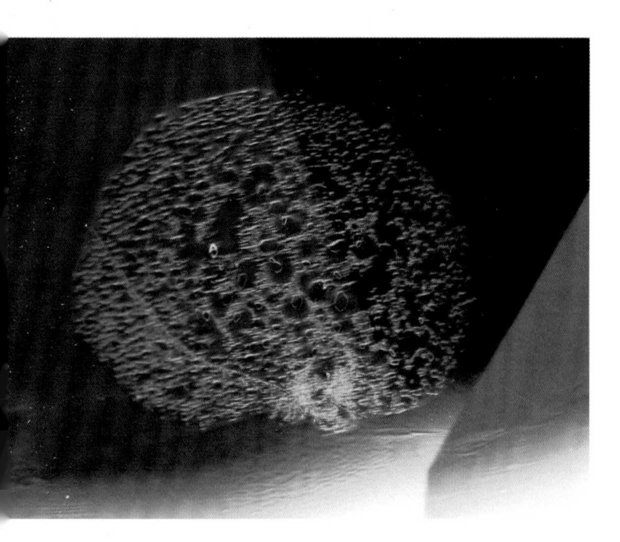

绿蓝色绿柱石内部特殊生长结构

磷灰石棱线磨损（硬度低，摩氏硬度 5）

绿色系彩色宝石

绿色宝石中，中国人偏爱翡翠，而西方人更喜欢祖母绿。绿色宝石代表生命力、和平、活力，在彩色宝石中也占有一席之地。常见的绿色宝石品种有祖母绿、石榴石族中的几个亚种、碧玺、变石、橄榄石等。

表 2-7 常见绿色系列彩色宝石品种

祖母绿	 碧玺	 帕拉伊巴碧玺 
蓝宝石	 变石	 透辉石 
翠榴石	 沙弗莱	 橄榄石 

表 2-8　祖母绿与相似宝石鉴定特征

宝石名称	外观特征	多色性	发光性	比重	
祖母绿	浅绿—深绿，蓝绿，黄绿；玻璃光泽	蓝绿 / 黄绿	LW：无—弱绿 SW：无	2.67 ~ 2.75	1.577 ~ 1.583
碧玺	蓝绿，黄绿，褐绿，绿等；玻璃光泽	强，蓝绿 / 黄绿、绿 / 褐绿	无	3.06 ±	1.624 ~ 1.644
橄榄石	橄榄绿色，黄绿色；玻璃光泽	弱，黄绿 / 绿	无	3.28 ~ 3.51	1.654 ~ 1.690
铬钒钙铝榴石	绿；玻璃光泽	无	无	3.61 ±	1.73 ~ 1.75
翠榴石	绿，玻璃—亚金刚光泽	无	弱	3.84 ±	1.888
蓝宝石	蓝绿，绿色；强玻璃光泽	明显，绿 / 黄绿	无	4.00 ±	1.762 ~ 1.770
铬透辉石	绿，蓝绿，黄绿等；玻璃光泽	浅绿 / 绿	无	3.29 ±	1.675 ~ 1.701
变石	黄绿—绿；玻璃光泽	弱三色性	LW：无 SW：无—黄绿	3.73 ±	1.745 ~ 1.755
萤石	浅绿—绿；亚玻璃光泽	无	强荧光，可具磷光	3.18 ±	1.434 ±
磷灰石	浅绿—绿；玻璃光泽	强	绿黄	3.18 ±	1.634 ~ 1.638
绿帘石	浅绿—深绿；玻璃光泽	强三色性，绿 / 褐 / 黄	无	3.40	1.729 ~ 1.768

摩氏硬度	包裹体特征	重要辨别特征及说明
7.5 ~ 8	裂隙发育，气液、气液固三相包体，暗色物质，矿物包体	特征：绿茸茸颜色；包体丰富，纯净度好者少；铬（Cr）吸收光谱；可见猫眼效应；“达碧兹”特殊现象
7 ~ 7.5	气液包体等	颜色丰富；可见刻面重影现象；常见平行排列的线状、管状包体；铜元素致色的“电光”绿帕拉伊巴碧玺为名贵品种；铬致色的绿色碧玺也是碧玺家族中的贵重品种
6.5 ~ 7	气液包体，有时呈盘状，矿物包体，双影	特征：橄榄绿色；可见刻面重影；“睡莲叶”状特征包体；铁（Fe）吸收光谱；
7 ~ 7.5	气液包体，短柱状或浑圆状晶体包体	无多色性；商业名称“沙弗莱”
6.5 ~ 7	丝状包体、晶体包体	无多色性；特征“马尾状”包体
9	色带、针状、丝状、雾状、指纹状包裹体，各种矿物晶体包体	二色镜下可见明显二色性；硬度高，仅次于钻石；导热性好，热导仪测试有明显反应；色带，各种气液、晶体包体等；可具变色效应
5 ~ 6	内部相对洁净，丝状包体、气液包体	强双折射（可见明显刻面棱线双影）；可见猫眼效应
8	丝状包体、气液包体等	金绿宝石品种；具变色效应；同时具有变色和猫眼效应的可直接称作“变石猫眼”
4	两相或三相包体、色带	光泽弱，折射率低；无多色性；硬度低；强荧光反应，可具磷光；四组完全解理；可见变色效应
5	气液包体、晶体包体	硬度低；可见猫眼效应
6 ~ 7	气液包体、晶体包体	可见明显刻面棱线双影；强三色性

市场上常见价格相对低廉的黄绿色橄榄石（左图），也有如右图所示翠绿色橄榄石

铬透辉石饰品

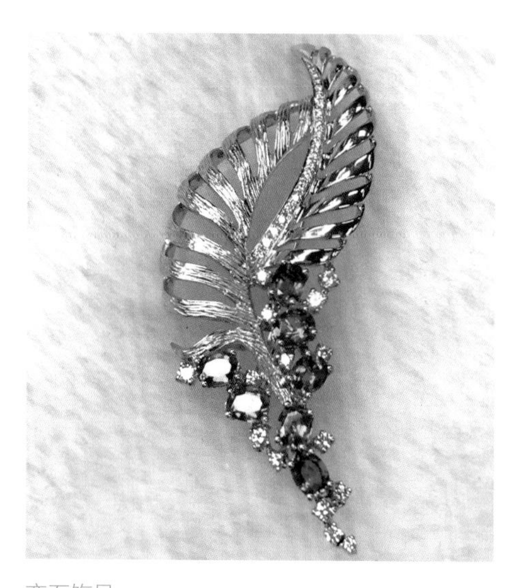

变石饰品

沙弗莱裸石

图片提供：珠宝小百科董海洋

透辉石裸石

图片提供：珠宝小百科董海洋

绿色碧玺裸石

铬碧玺

绿色帕拉伊巴碧玺

外观与帕拉伊巴碧玺最近似的宝石磷灰石

特殊现象，达碧兹祖母绿

天然无烧绿色蓝宝石裸石

图片提供：珠宝小百科董海洋

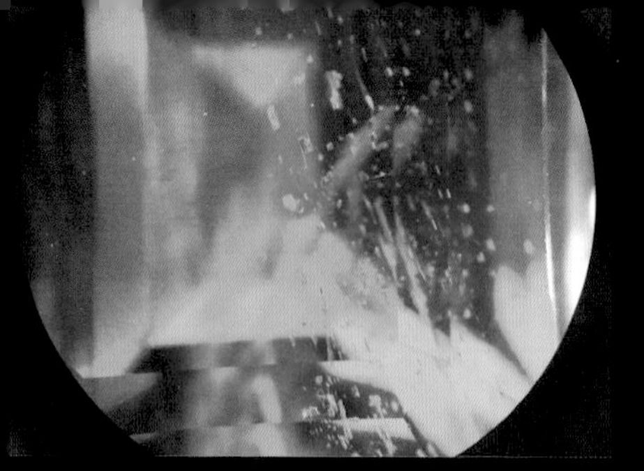

祖母绿内部常见气液包体

碧玺内部平行排列的管状包体

图片来源：古柏林实验室

翠榴石内部典型马尾状包体特征

橄榄石刻面重影明显

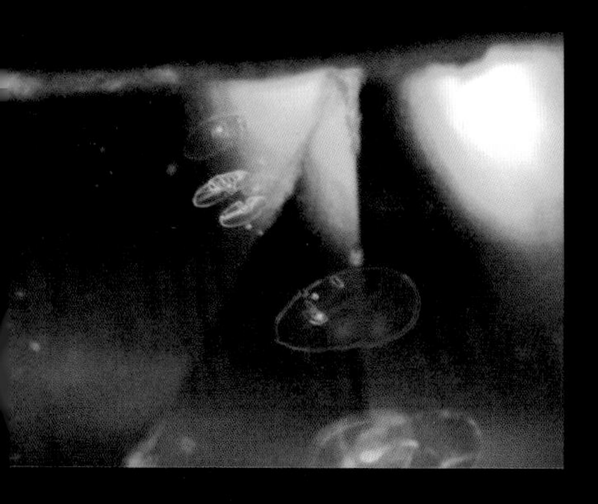

橄榄石内部特征睡莲叶状包体

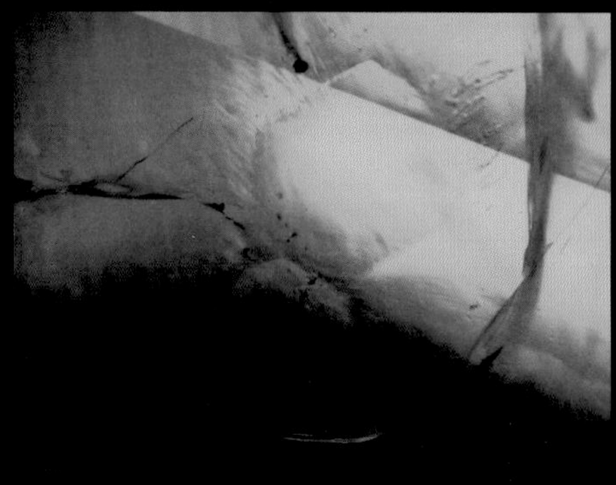

祖母绿内部六方结构特征

黄色—橙黄色系彩色宝石

黄色宝石在彩色宝石中也较常见，黄色代表着富贵、权力、想象力；橙色宝石犹如温暖的阳光给人暖暖的感觉。常见的黄色—橙黄色宝石品种有蓝宝石、金绿宝石、碧玺、水晶等。

表 2-9　常见黄—橙黄色系列彩色宝石品种

蓝宝石	 金绿宝石	 黄水晶 
碧玺	 绿柱石	 长石 
蓝宝石	 锰铝榴石	 托帕石 

表 2-10　黄色 - 橙黄色相似宝石鉴定特征

宝石名称	外观特征	多色性	发光性	
蓝宝石	黄，橙黄；玻璃一亚金刚光泽	明显，黄 / 橙黄	无	4.00
金绿宝石	黄，棕黄；玻璃一亚金刚光泽	弱一中，黄 / 绿 / 褐	LW：无 SW：无一黄绿	3.73
碧玺	黄，棕黄，绿黄等；玻璃光泽	中一强，深浅不同体色	无	3.06
锰铝榴石	黄，橙黄；玻璃光泽	无	无	4.15
托帕石	黄，棕黄，褐黄色；玻璃光泽	弱一中，黄 / 褐黄 / 橙黄	LW：无一中橙黄，黄	3.53
黄晶	浅黄一黄，金黄，柠檬黄；玻璃光泽	弱	无	2.65
长石	浅黄一黄；玻璃光泽	弱	无一弱	2.55 2.75
绿柱石	黄，橙黄，金黄；玻璃光泽	弱	无	2.67 2.75

折射率	摩氏硬度	包裹体特征	重要辨别特征
62 ~ 70	9	色带、针状、丝状、雾状、指纹状包裹体，各种矿物晶体包体	二色镜下可见明显二色性；硬度高仅次于钻石；导热性好，热导仪测试有明显反应；色带，各种气液、晶体包体等
45 ~ 55	8 ~ 8.5	丝状包体、气液包体等	丝状包体；可具猫眼效应，金绿宝石猫眼可直接称为“猫眼”
24 ~ 44	7 ~ 7.5	裂隙发育，气液包体等	颜色丰富；可见刻面重影现象；常见平行排列的线状、管状包体
9 ~ 1	7 ~ 7.5	浑圆状或不规则晶体包体	无多色性；针状、浑圆状包体；可具猫眼效应；橘黄色锰铝榴石商业上又被称作“芬达石”
19 ~ 27	8	气液包体等	可具猫眼效应
44 ~ 53	7	气液包体、色带等	和紫晶共存一体又称“紫黄晶”
22 ~ 70	6 ~ 6.5	气液包体，双晶，解理	聚片双晶
77 ~ 83	7.5 ~ 8	气液包体、晶体包体	可具猫眼效应

黄色绿柱石

颜色深浅不一的黄水晶

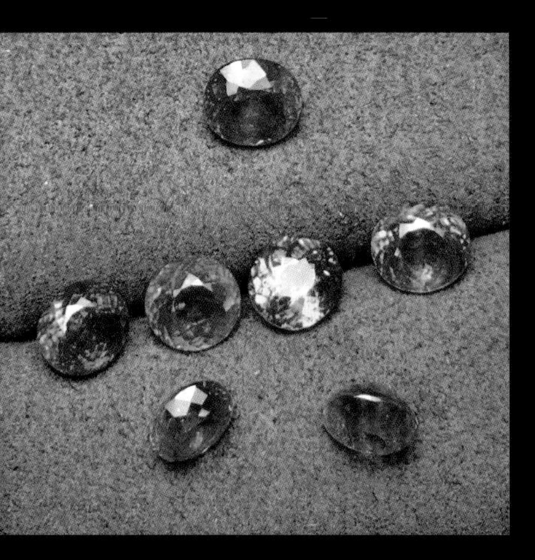

橘黄色石榴石，商业名称芬达石

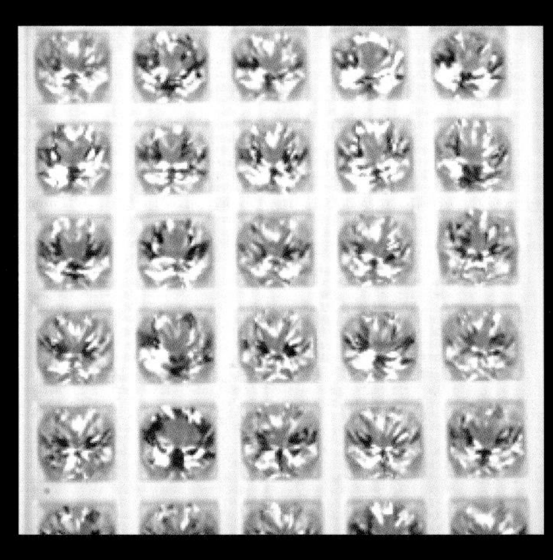

批量浅黄色长石

天然无烧黄色蓝宝石

图片提供：珠宝小百科董海洋

黄色碧玺裸石

图片提供：珠宝小百科董海洋

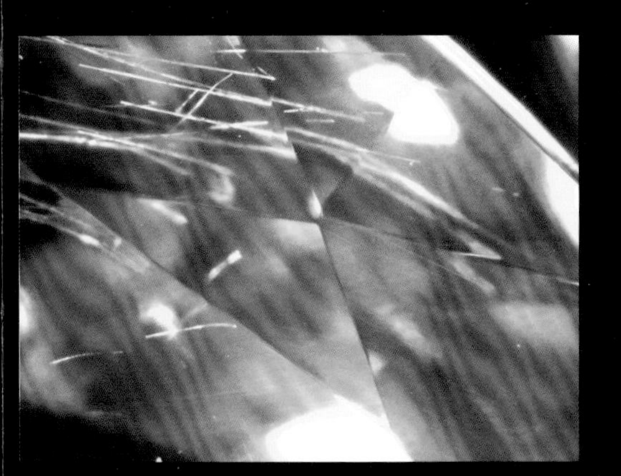
锰铝石榴石内针状包体

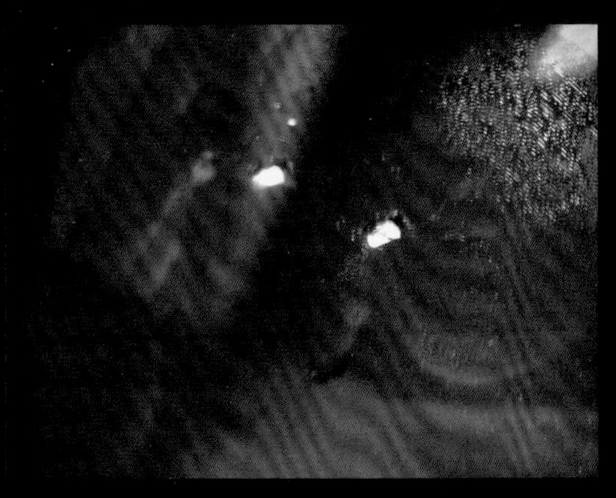
蓝宝石内部盘状裂隙

黄色绿柱石内部特殊生长结构

橙黄色蓝宝石内部丝状包体

黄色水晶

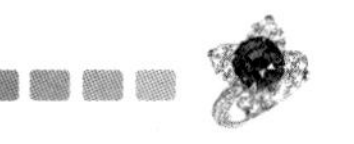

色彩丰富的碧玺饰品与之易混淆的宝石品种众多，常混杂有其他相似宝石

有些情况下，如宝石过小、因镶嵌方式不能获取数据、无典型包体特征、不同宝石品种数据范围出现重叠等，就算经验丰富的鉴定师仅凭常规仪器也无法确定宝石品种。我们必须借助实验室大型仪器测试才能对宝石品种进行准确区分。

红外光谱仪是目前宝石实验室必备的大型仪器，利用各宝石品种在红外光谱指纹区的特征光谱差异可以快速、有效地进行相似宝石品种区分，但同时需要说明的是红外光谱仪能区分绝大部分宝石品种，但大多数时候不能区分天然品与合成品，所以再次强调宝石鉴定是一个多参数综合判定的过程。

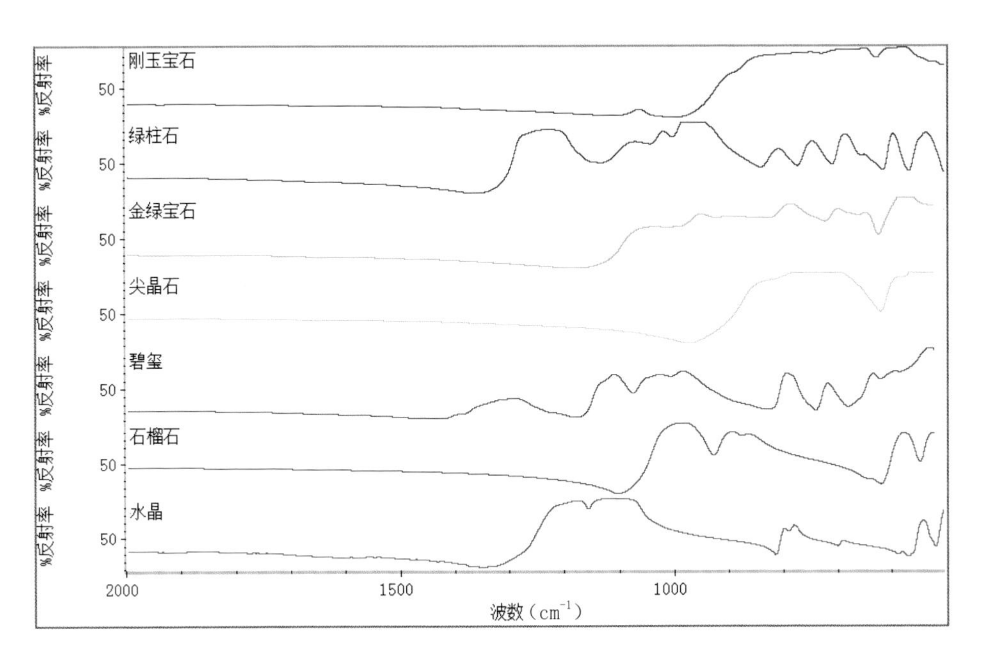

一些常见宝石品种在红外指纹区的特征图谱

某些特殊情况下还可借助拉曼光谱仪对宝石品种及亚种等进行区分，成分测试分析有时也可用于宝石品种的区分。

海蓝宝石
图片提供：ENZO 公司

Chapter 3

彩色宝石中级辨假——辨处理方法

彩色宝石的美是“天生丽质”还是经过了“后期整容”对其价值同样有着重要影响。确定了彩色宝石的天然属性和具体品种后，我们将宝石是否经过后期人工处理来改善或改变原有的颜色、净度等外观和／或耐久性作为中级辨假内容。

祖母绿饰品

天然彩色宝石在漫长的自然形成过程中经历了复杂的环境演变，加之后期人工开采加工中外力作用等导致其品质的各种不完美，如颜色过深或过浅、不均匀、有杂色调，含有裂隙、裂纹、空洞等。但天然宝石资源稀缺，人们不可能将这些颜色和净度不好的宝石放弃掉，而是会想方设法通过各种工艺将这些不完美的宝石变得更美，所采用的各种方法也就是我们说的优化处理方法。宝石的优化处理工艺始于何时，人们已无法考证，据有关资料记载，早在公元前古罗马和古希腊人就开始采用热处理工艺对玉髓进行改色。

蓝宝石饰品

图片提供：深圳新中泰

何为优化？何为处理？为方便理解，优化就如同在给宝石做“美容”，而处理做的是“整容”。由于优化方法只为更好地显示宝石的美，历史悠久，人们也都已接受认可，甚至鉴定证书都可不做说明，所以本章中级辨假只重点介绍非传统、尚不被认可，宝石交易中必须进行标注说明的宝石处理方法及其辨别。

颜色和净度是单晶宝石美丽的两大要素，所以优化处理方法也必将围绕着如何改善或改变颜色和如何改善和提高宝石净度进行。并不是所有的处理方法都适用于所有的宝石品种，人们通常根据宝石自身性质、条件选择适宜的处理方法。

精美的蓝宝石饰品

图片提供：深圳新中泰公司

表 3-1　彩色宝石优化处理方法及鉴别简表

主要处理目的	处理方法	主要应用宝石品种	重要鉴别方法
改善或改变颜色	染色处理	颜色浅淡，有达表面裂隙的各种品质不好的高中低档宝石品种	放大检查
	覆膜处理	托帕石、水晶、萤石等	放大检查
	扩散处理	蓝宝石、尖晶石、长石等	放大检查、成分测试
	辐照处理	托帕石、绿柱石、碧玺等	紫外可见吸收光谱
改善净度和耐久性	充填处理	各种裂隙众多、净度不好的高中低档宝石品种	放大检查、红外光谱、发光图像分析

宝石的染色处理及其鉴别

染色处理的概念

染色是一种古老的宝石处理技术，主要选用一些不易褪色的无机或有机染料，在低温加热条件下对单晶宝石进行浸染，染剂需沿宝石表面裂隙进入后沉淀着色。染色工艺相对成熟简单，主要应用于一些颜色浅淡或颜色不均匀又有达表面裂隙的各种品质不好的高中低档宝石品种。

染色处理的持久性在很大程度上取决于所选用的染色剂和处理方法（温度、时间、浓度、固色剂等）以及待染宝石的性质。一般使用天然有机染色剂但其稳定性较差，经过一段时间容易褪色或变色，使用一些人造有机染料相对稳定。

海蓝宝石原石及刻面宝石
图片提供：ENZO 公司

周大福名贵珠宝——炫舞系列项链

染色处理宝石的鉴别

经染色处理宝石的辨别相对容易，最有效的方法就是放大观察宝石颜色分布特征，必要时辅助外观、荧光观察、二色性、大型仪器测试等方法进行综合判断。

1. 颜色等外观鉴别

经染色处理的宝石颜色有的过于浓艳，给人不真实感；光泽较未染色者暗淡；有时还会在宝石包装纸或穿珠串的线绳上发现有染料痕迹。

2. 荧光观察

经染色处理的宝石，有的在紫外荧光灯下可观察到由染料引起的特殊荧光，尤其是裂隙间荧光异常现象。如：祖母绿观察到裂隙间黄绿色荧光，极大可能是由于有色油所致。

3. 多色性鉴别

由于染料多分布于宝石裂隙中，所以有时会出现外

染色蓝宝石样品外观图，光泽相对弱

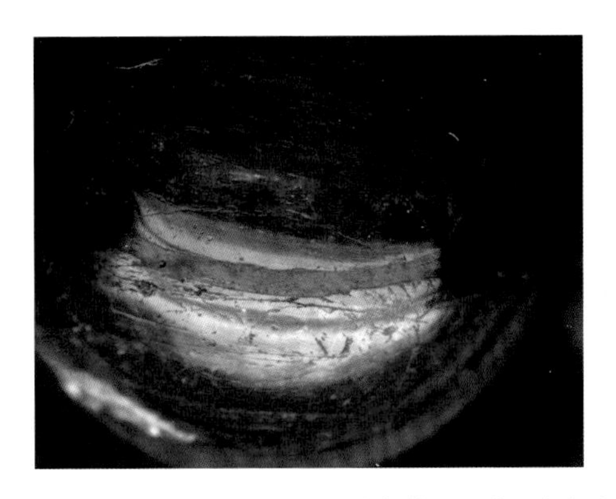
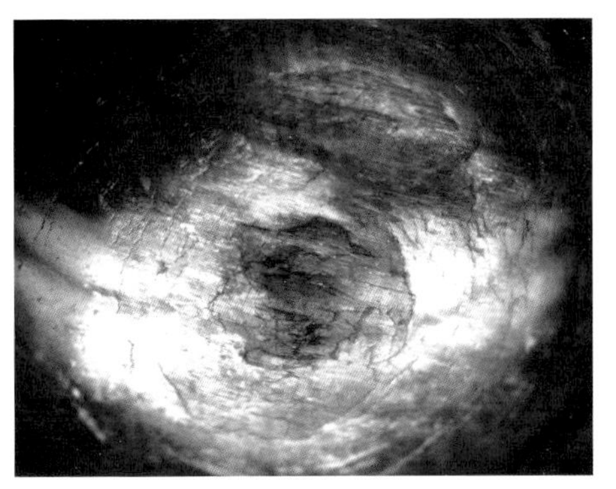

染色蓝晶石样品，较劣质的染色处理工艺，颜色在宝石表面裂隙和凹坑处富集，肉眼观察即可分辨

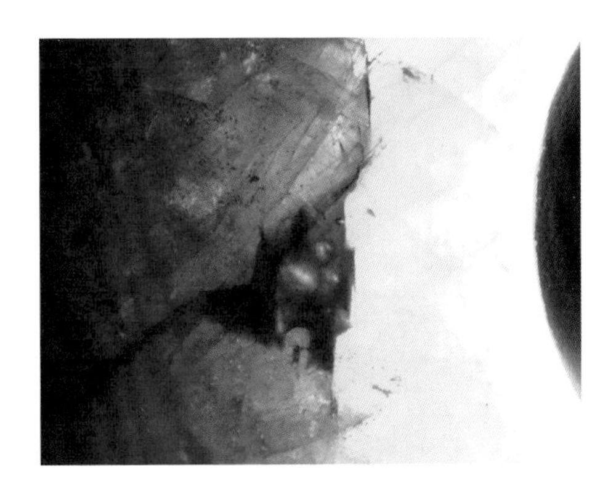
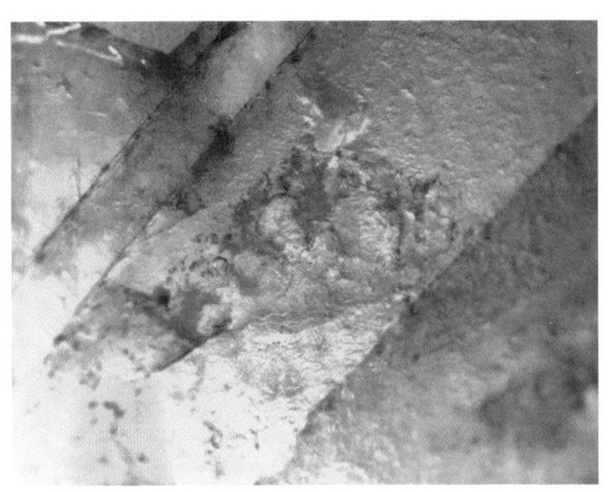

染色 + 充填处理蓝宝石样品，颜色集中分布在样品表面、裂隙和缺陷处

将红宝石放入红颜色的油中进行浸泡，达到改善宝石颜色和透明度的目的。处理结果不稳定，不持久。放大观察可见红色油沿宝石裂隙分布（不同照明条件下）

染色玻璃仿碧玺饰品外观图，将无色玻璃加热、淬火产生大量裂纹后浸于配好颜色的溶液中，有色溶液沿淬火裂隙浸入使玻璃染上各种颜色，用以仿“彩虹碧玺”

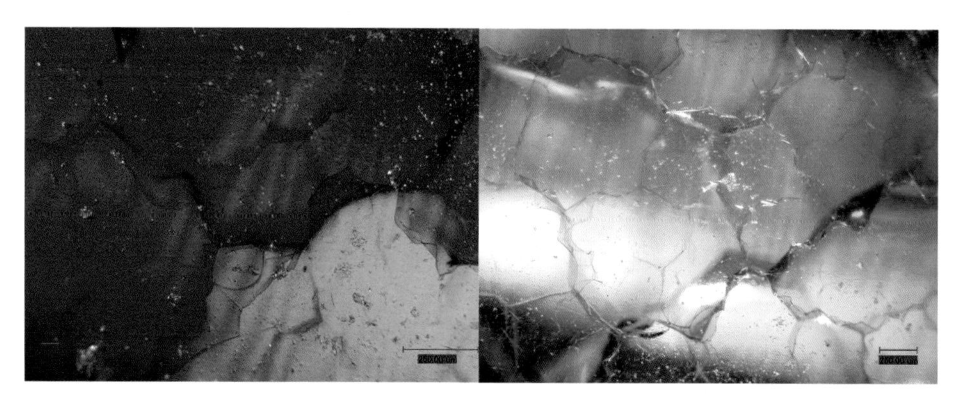

染色玻璃肉眼或放大检查可见明显炸裂纹，颜色只集中在裂隙中，较易识别
图片提供：张勇

观颜色浓艳的宝石却没有明显多色性的异常现象，仅作辅助辨别特征。

4. 放大观察

显微放大观察颜色分布特征可提供染色处理决定性鉴定依据，一旦观察到颜色在宝石裂隙或缺陷处富集现象就应引起观察者注意。

大多数染色处理宝石的辨别都相对简单，但有时也需仔细观察和综合分析，如图，天然品为包体致色，颜色自然，包体出露样品表面处也没有颜色。但染色品仅在包体出露表面处有颜色富集现象，并且由外及里颜色渐渐变浅或分布天然“草莓晶”

染色水晶仿“草莓晶”
图片提供：罗跃平

天然“草莓晶”由于内含红色扭曲条状的纤铁矿包体致色（左图），染色处理水晶样品颜色仅在包体出露样品表面处聚集（右图）

不均匀，这主要是由于染料需沿样品表面孔隙或裂隙才能进入所致。

注意！并不是所有的颜色沿裂隙富集现象都是染色处理，有时宝石在自然形成过程中，一些次生包裹体如黄色、红褐色铁质物质也会沿宝石裂隙进入，这就需要观察者丰富的实践经验和综合分析能力才能将天然品与染色品区分开来。

5. 大型仪器测试

利用红外光谱有时可测试出有机染料的吸收峰，这也可作为宝石经染色处理的鉴定依据。

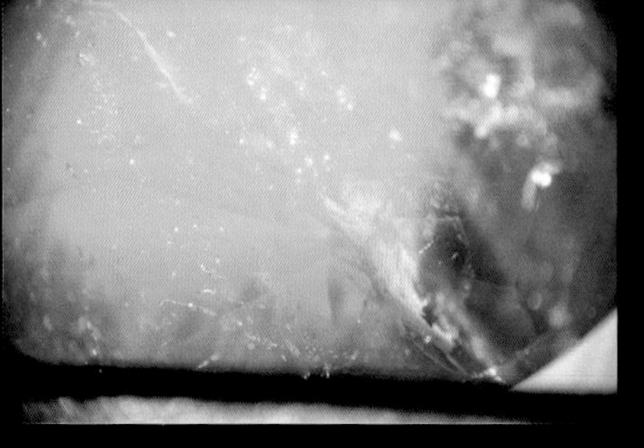

染色祖母绿样品，绿色物质沿裂隙分布（左图）；天然蓝宝石样品，黄褐色物质沿裂隙分布（右图）

天然油胆（黄色）海蓝宝石

宝石的覆膜处理及其鉴别

覆膜处理指用涂、镀、衬等方法在珠宝玉石表面覆着膜层，用于改善宝石的视觉颜色和光泽等外观，增强耐久性。

常见的覆膜处理方式有：

◎无色托帕石和水晶等在宝石表面喷镀金属薄膜，产生虹彩效应。

这一类覆膜处理宝石的辨别相对容易，通过外观观察结合放大检查基本就可确定。

1. 颜色等外观鉴别

样品颜色鲜艳丰富，常出现天然品中没有的颜色，如艳粉色托帕石没有对应的天然品；光泽强，膜层可反射金属光泽，还可见虹彩效应。

各色覆膜托帕石正面（上图）和亭部（下图）外观图，样品颜色和光泽被明显改善或改变

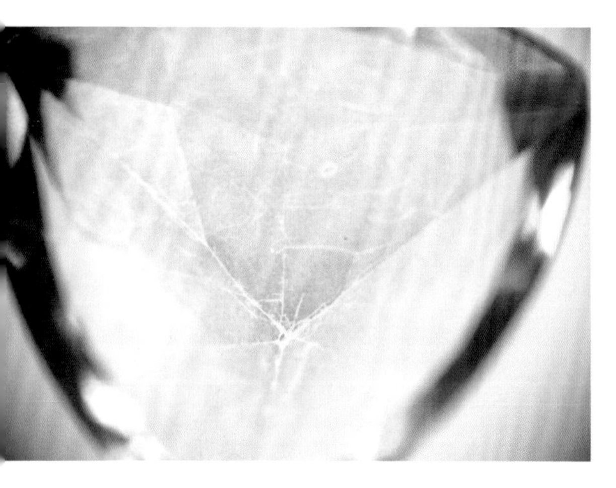

经覆膜处理的托帕石从亭部和腰部放大观察可见膜层颜色分布不均匀，局部膜层脱落

天然蓝色托帕石
图片提供：珠宝小百科董海洋

2. 放大观察

此类覆膜宝石大多仅在亭部镀膜，在反射光下重点观察样品亭部可见膜层部分脱落或划痕，颜色不均匀，此现象可作为覆膜处理宝石的重要鉴别依据。

3. 荧光观察等

由于宝石颜色是有色膜层所致，可辅助荧光异常、多色性异常等进行综合判断。

4. 大型仪器测试

红外光谱有时可测试到外来膜层物质吸收峰；成分分析有时可测到元

素异常，一旦测出可作为诊断性鉴定依据。

有的经覆膜处理的宝石并不易被检出，需要鉴定者长期丰富的实践经验，外观很难区分，只有在显微放大观察时才能发现覆膜迹象。

◎常见的覆膜方式还有将无色或有色的材料如人工树脂均匀地涂在宝石表面，主要用于改善宝石的光泽和颜色以及耐久性。彩色宝石中这种处理方式相对少见。

无色覆膜萤石表面十倍镜下可见气泡

这类覆膜处理宝石的鉴定也相对简单，主要可通过放大观察样品表面膜层脱落，有胶痕，膜层较厚的情况下还可看到气泡，红外光谱测试表面物质出现人工树脂吸收峰等进行辨别。

覆膜处理坦桑石外观

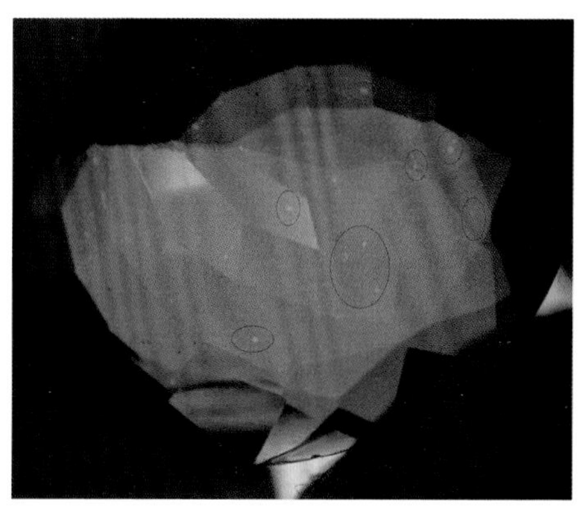

覆膜处理坦桑石显微放大观察可见膜层脱落

宝石的扩散处理及其鉴别

扩散处理指在高温或超高温条件下，外来元素以扩散的方式进入宝石与宝石中的主要成分元素类质同象置换（大多数情况）从而改变了宝石内致色元素的种类、含量和元素的比例，进而达到改变宝石颜色、特殊光学效应等外观特征。

根据外来元素进入宝石的深度可分为表层扩散和体扩散。

表 3-2　常见扩散处理宝石品种

常见扩散处理宝石品种	扩散元素	处理后颜色	扩散分类
蓝宝石	铁（Fe）+ 钛（Ti）	蓝	表层扩散
	钴（Co）	蓝	表层扩散
	铬（Cr）+ 镍（Ni）	橙	表层扩散
	铍（Be）	黄、橙、蓝、紫等颜色	体扩散
红宝石	铬（Cr）	红、粉红	表层扩散
	铍（Be）	红、橙红	体扩散
尖晶石	钴（Co）	蓝	表层扩散
长石	铜（Cu）	红、橙红、橙黄	体扩散

表层扩散处理宝石的鉴别

表层扩散处理的合成蓝宝石样品外观图，肉眼即可见棱线处颜色较深

1. 颜色等外观

颜色过于浓艳失真，仅限于宝石表层，颜色层通过打磨或抛光可部分或全部去除。

2. 荧光观察等

可做辅助辨别依据。

◎表层扩散的蓝宝石在短波紫外光下常见白垩状蓝色或绿色荧光；

◎扩散处理宝石多色性多不明显；

◎钴扩散宝石在查尔斯滤镜下呈现红色；

◎钴扩散宝石分光镜下可见钴（Co）吸收光谱；

◎折射率异常，有的扩散红宝石折射率可达1.80。

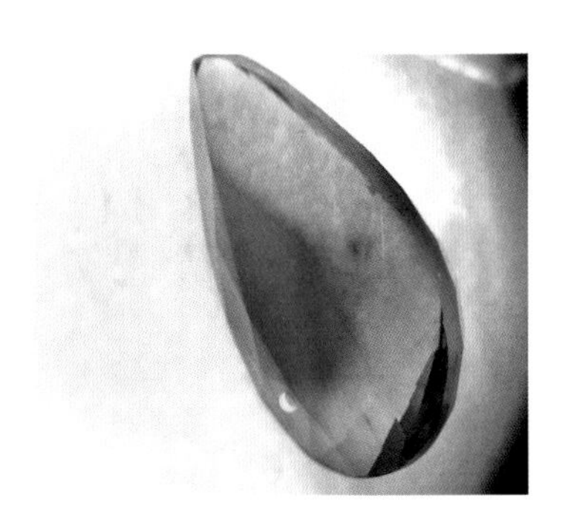

表层扩散蓝宝石，颜色仅限于宝石表层（浸水观察）

3. 放大观察

表层扩散宝石最有效的鉴定方法就是浸油或白水漫反射光观察，宝石腰围、棱线、达表面裂隙或缺陷处有颜色富集现象；有的颜色深浅不一，呈斑状分布。有时可见宝石内部包体有高温迹象，出现淬火裂纹。

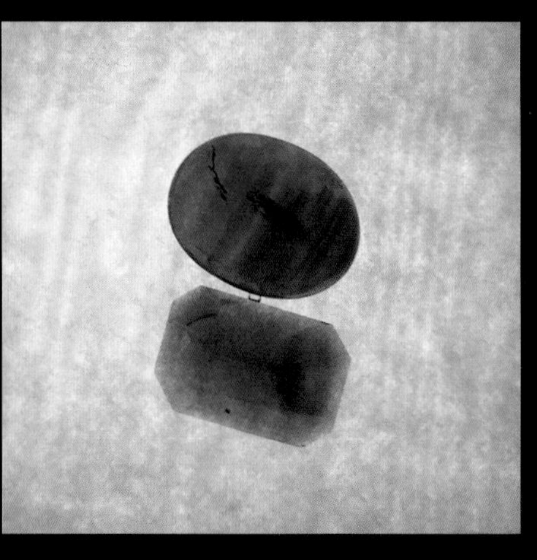

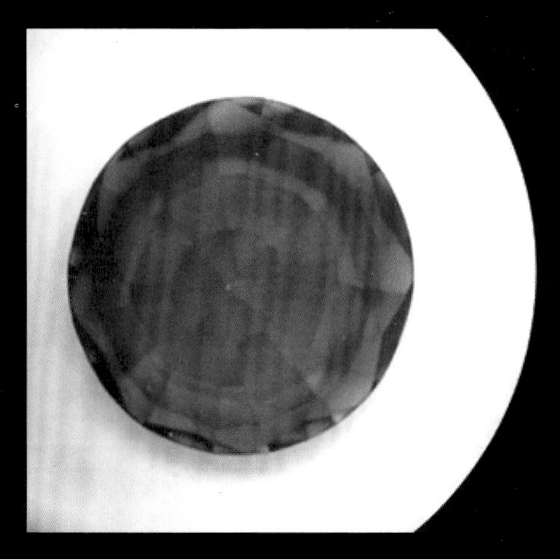

透射光下，天然蓝宝石看不到刻面分界线，而扩散宝石刻面结合处清楚，呈现蓝色轮廓

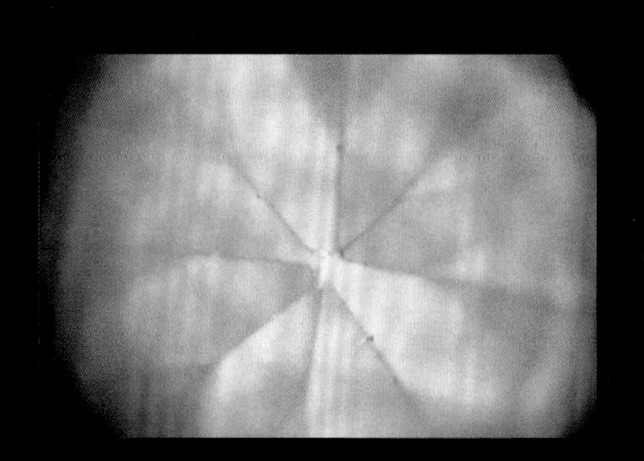

经扩散处理的蓝宝石可见颜色沿棱线富集

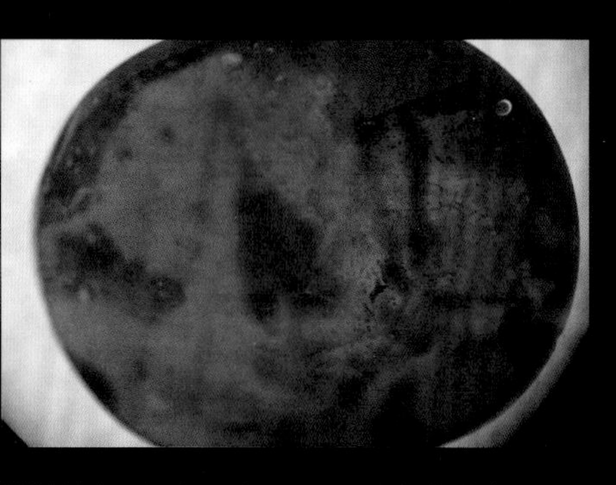

扩散蓝宝石颜色深浅不一，呈斑块状分布

经扩散处理的合成蓝宝石表面出现不规则淬火裂纹

4. 大型仪器测试

由于外来元素的进入，实验室还可利用紫外可见吸收光谱仪分析宝石颜色成因得出结论；利用成分测试分析扩散元素异常也可作为重要鉴定依据。

体扩散处理宝石的鉴别

扩散元素进入宝石内部较深的地方，有时整个宝石颜色都发生变化，称之为体扩散。目前最常见的是刚玉宝石的铍（Be）扩散（2002 年进入市场）和长石的铜（Cu）扩散。

1. 外观等鉴别

铍扩散刚玉宝石早期常见艳红、橙红、橙黄、黄等颜色，油浸观察等常可觉察橙色色调，现在市场上常见的彩虹系列色蓝宝石都可以经铍扩散处理得来，随处理技术的进步，从外观上越来越难进行分辨；铜扩散的红色长石一般呈红、橙红或橙黄色。

上排为各色天然蓝宝石；下排为经铍扩散处理的蓝宝石

橙黄色扩散蓝宝石饰品

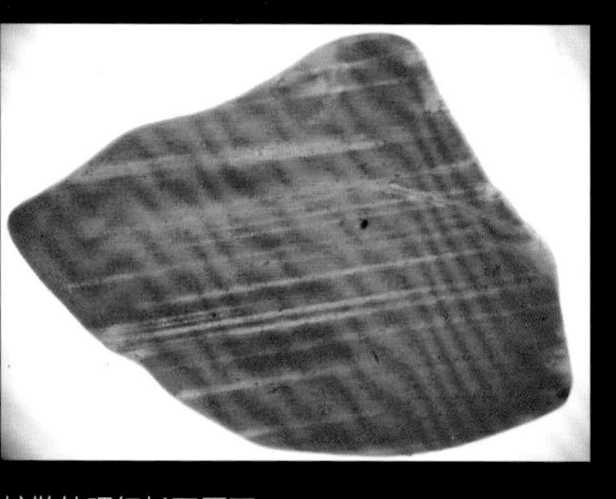

扩散处理红长石原石

批量扩散处理长石原石

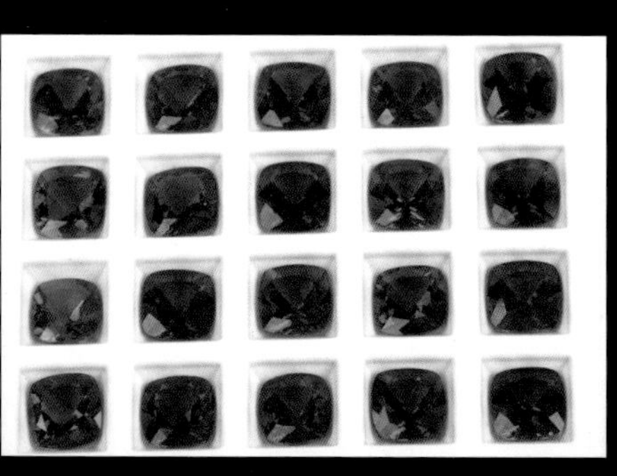

批量铜扩散红长石刻面宝石，颜色均一浓艳

铍扩散黄色蓝宝石原石、半成品和刻面裸石

2. 放大观察

体扩散处理宝石的鉴定，放大检查并不能提供决定性鉴定依据，但由于宝石的体扩散需要高温（高于一般热处理），所以通过放大观察宝石是否存在经历过高温的迹象，可辅助判断是否经过扩散处理。

◎红或黄—橙红的蓝宝石内部出现蓝色扩散晕应引起观察者对宝石颜色的怀疑；

◎扩散处理所需的高温会造成宝石内部包体（如锆石）重结晶或表面附晶生长现象。

3. 大型仪器测试

体扩散宝石的鉴定必须通过成分测试分析宝石的扩散元素（铍或铜）含量是否异常才能提供诊断性依据。

扩散红宝石内部“蓝色晕圈”是宝石经历过高温的有力证据

扩散长石原石表面熔融体说明宝石经历过高温

扩散星光宝石的鉴别

1. 颜色等外观鉴别

扩散星光蓝宝石整体为具黑灰色色调的深蓝色，“星光”完美。

2. 放大检查

放大检查“星光”仅限于样品表面，弧面宝石表面有一层极薄的絮状物，由细小的白点聚集而成；弧面扩散星光红宝石底部或裂隙常见红色斑块物质。

3. 大型仪器测试

成分测试样品表面铬（Cr）含量异常等。

天然星光蓝宝石星线较粗，可见平直但不规则色带（左图）；扩散星光蓝宝石星线细而直，明显浮于表层（右图）

宝石的辐照处理及其鉴别

辐照处理的概念

宝石的辐照处理指用高能射线（γ 射线、带电离子、中子等）照射宝石，与宝石中的原子或离子发生相互作用，使宝石的离子电荷或晶体结构发生了变化，产生各种类型的色心，还常附加后期加热处理再消除掉一些不需要的色心，从而改善或改变宝石颜色的一种处理方法。

市场上最常见的经辐照处理的宝石品种是托帕石，其辐照工艺已很成熟。人们可通过选择不同的辐照源和辐照时间，控制后期热处理的温度等而得到不同深浅的各种蓝色托帕石。

表 3-3　常见的经辐照处理的宝石品种及颜色变化

宝石品种	颜色变化
托帕石	无色—各种蓝色、棕黄
绿柱石	无色—金黄色、深蓝；蓝色—绿色
碧玺	无色或近无色—红、粉红、黄等
锂辉石	无色—粉；紫红—深绿
水晶（优化）	无色—褐色、柠檬黄，黄色—紫色

辐照处理托帕石样品，从左至右依次为伦敦蓝、瑞士蓝、天空蓝

深蓝紫色海蓝宝石，从外观上判断该原石经辐照处理可能性很大

辐照柠檬黄水晶原石（优化）

辐照处理宝石的鉴别

彩色宝石的辐照处理的鉴定一直是彩色宝石优化处理鉴定难题之一，不过绿柱石品种中的个别品种已经找到了一些相对可靠的技术参数指标。如辐照处理的黄色、粉色绿柱石、Maxixe 型辐照处理的蓝色海蓝宝石等。

1. 颜色等外观鉴别

有的辐照处理的宝石颜色没有天然对应品，比如伦敦蓝色的托帕石，天然蓝色托帕石稀少，且一般为浅蓝色。

2. 荧光观察

某些情况下荧光特征能提供指示证据，如经辐照的海蓝宝石如果具绿色荧光可作为经过处理的重要依据。

3. 大型仪器测试

◎紫外—可见吸收光谱：实验室鉴定辐照处理的宝石多依靠紫外可见吸收光谱分析宝石色心成因，如天然海蓝宝石具有与 Fe^{3+} 有关的吸收峰；而辐照海蓝宝石的紫外可见吸收光谱是与辐照色心有关的一系列吸收峰。

◎近红外光谱分析：可用于辐照处理的绿柱石的鉴定。

辐照 + 热处理的宝石颜色一般较稳定，但由于这是一种尚不被人们接受的方法所以还是属于“处理”范畴。但根据“珠宝玉石优化处理工艺要求”规定，经放射性辐照处理的宝石必须不带放射性或放射性活度在国家规定安全标准（豁免值）以下，所以您一样可放心佩戴。

天然海蓝宝石和辐照海蓝宝石的紫外可见吸收光谱对比图
图片来源：GIA 研究资料

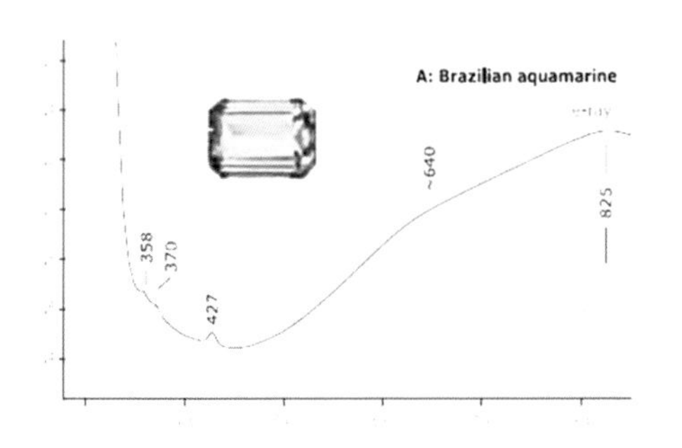

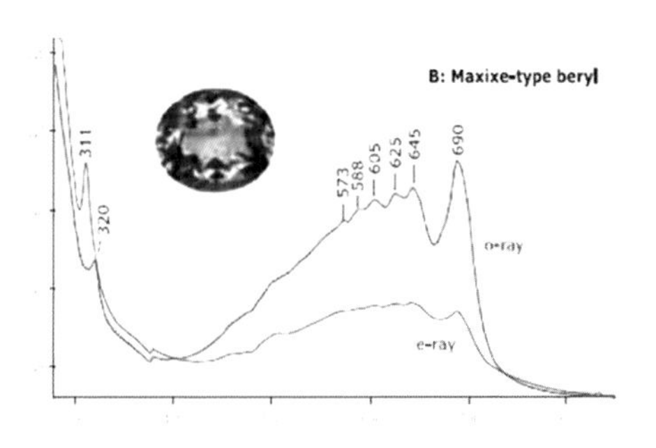

宝石的充填处理及其鉴别

充填处理的概念

宝石的充填处理是一种应用很广泛的用以改善宝石纯净度和耐久性的处理方法。通过采用各种充填材料（油、蜡、人工树脂、玻璃等），在一定条件下（真空、加压、加温），对宝石中开放裂隙、孔洞进行充填，达到掩盖裂隙，改善宝石净度和透明度，提高宝石耐久性的目的。

表 3-4　常见的充填处理的宝石及鉴别简表

充填物质		常见处理品种	重要鉴定方法
油、蜡（优化）		祖母绿等，理论上可应用于各种裂隙发育的宝石品种	放大检查、红外光谱、发光图像分析
玻璃	普通玻璃	红宝石等	放大检查、红外光谱
	铅（Pb）玻璃等	红、蓝宝石等	放大检查、成分分析
人工树脂		祖母绿、碧玺、海蓝宝石、月光石等各种裂隙发育的宝石品种	放大检查、红外光谱、发光图像分析

充填处理宝石的鉴别

1. 普通玻璃充填宝石的鉴别

放大检查：反射光下观察，宝石表面大量裂隙分布，裂隙或凹坑处与宝石主体光泽差异明显。透射光观察内部包体有高温迹象，可见愈合裂隙，扁平或圆形气泡。

大型仪器测试：红外光谱或拉曼光谱可检测出充填物为玻璃态物质。

2. 铅（钴）玻璃充填宝石的鉴别

外观等：铅玻璃充填红宝石光泽较弱，给人不真实的透明感。

放大观察：反射光下观察，宝石表面有大量裂隙分布，裂隙或凹坑处与宝

普通玻璃充填宝石表面光泽差异现象

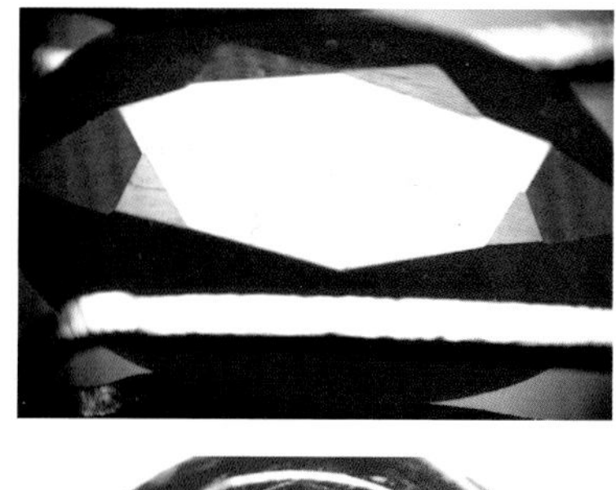

豪华镶嵌充填处理红宝石饰品，整体光泽较为暗淡

铅玻璃充填红宝石典型外观图

石主体光泽差异明显。透射光下可见裂隙间蓝色闪光效应，有扁平或圆形气泡。钴玻璃充填宝石还可见颜色沿裂隙分布。

荧光观察：裂隙间由于充填物引起的强蓝白色荧光反应。

大型仪器测试：

◎成分测试分析：成分测试出铅（Pb）、钴（Co）等元素。

◎红外／拉曼光谱：可检测到玻璃态物质。

◎紫外—可见吸收光谱：钴玻璃充填宝石可检测到与钴（Co）有关的吸收峰。

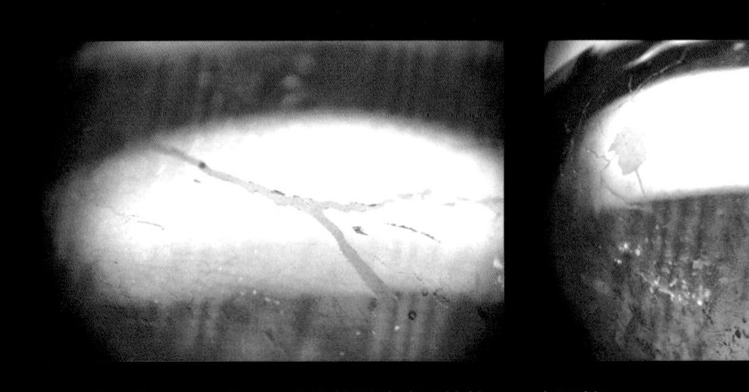

铅玻璃充填红宝石表面可见脉状裂隙或凹坑处明显光泽差异

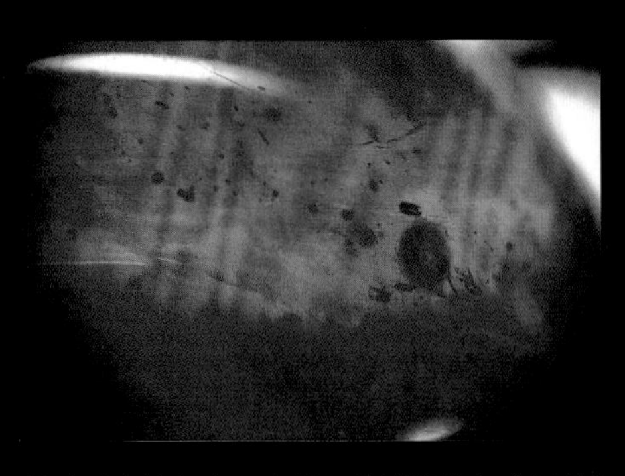

铅玻璃充填红宝石内部可见裂隙蓝色“闪光”以及气泡

钴玻璃充填蓝宝石可见颜色沿裂隙分布

3. 人工树脂充填宝石的鉴别

外观等鉴别：人工树脂充填宝石由于表面分布众多经充填的裂隙，表面光泽较弱。

放大检查：

◎充填宝石在表面开放裂隙或凹坑处可见光泽差异，针尖触之可划动；

◎内部充填物较厚处残留气泡；有些充填物发生质变则会变成截然不同的残余物质；

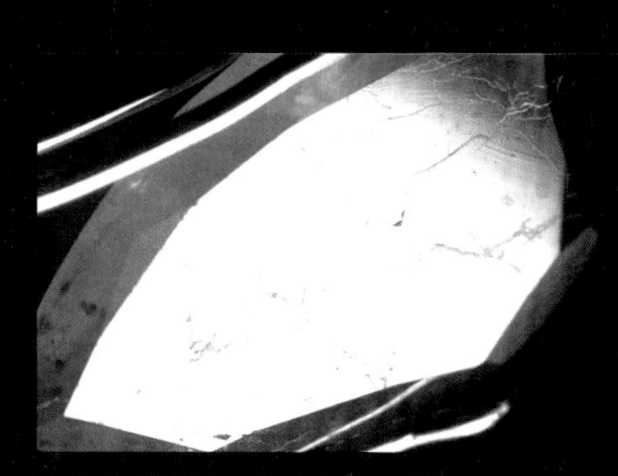

充填处理祖母绿表面分布大量裂隙

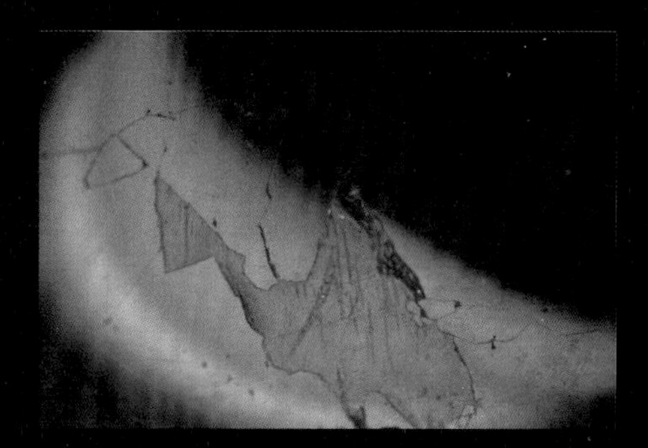

人工树脂充填祖母绿表面可见光泽差异（充填物胶与祖母绿折射率不同）

充填祖母绿内部可见大量圆形气泡

祖母绿内部白色充填物残留

◎裂隙闪光效应是确定宝石经充填处理的有力证据，充填物折射率越接近主体宝石，掩盖裂隙的效果越好，不同光源下可呈现不同颜色的闪光效应。

发光图像分析：

紫外荧光或 DiamondView（超短波紫外荧光）观察可辅助辨别充填物质，有效分析充填物的分布情况。

大型仪器测试：红外光谱是实验室最常用于鉴别人

祖母绿“闪光”效应，蓝色闪光效应（左图）；橙色闪光效应（右图）

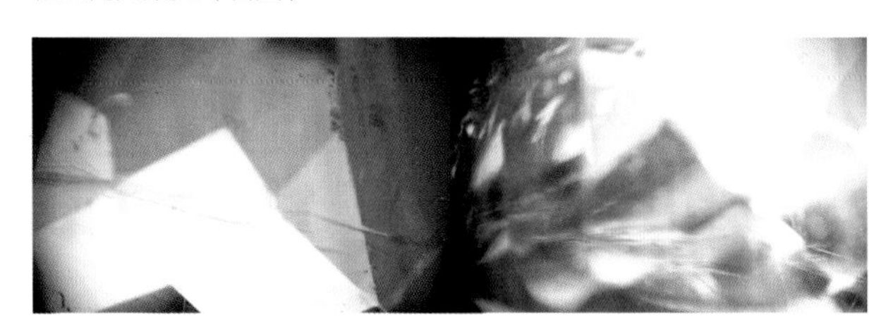

祖母绿裂隙间绿色荧光指示该样品经 EXCEL 人工树脂充填

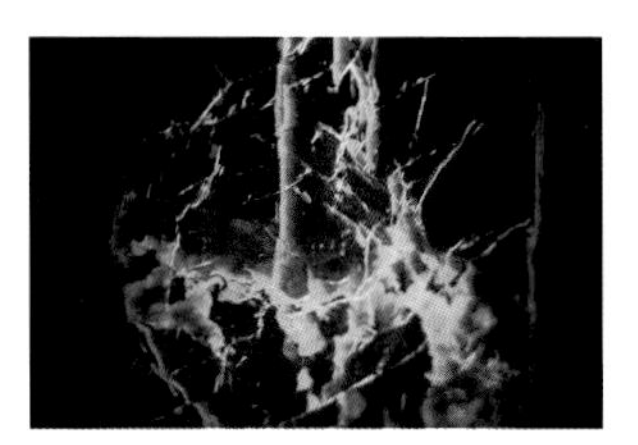

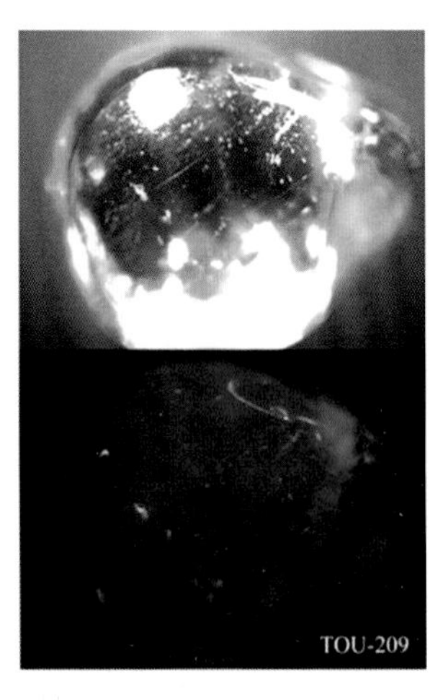

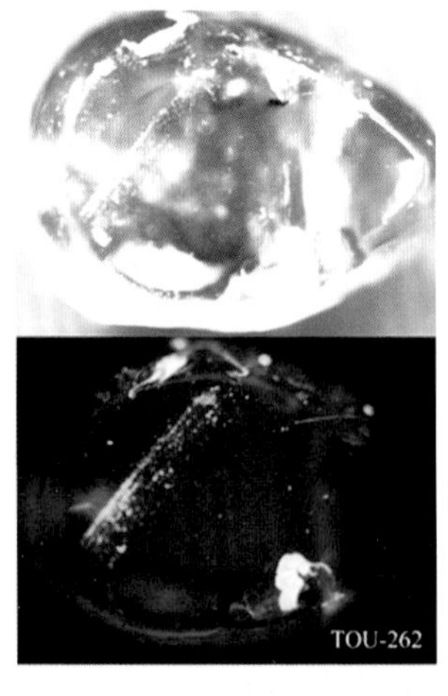

不同充填程度的碧玺外观及荧光对比图，通过发光图像分析能直观、快速地确定充填物的存在同时了解充填物分布情况

出露宝石表面的晶体包体，反射光下观察有光泽差异，但具有一定晶形

红宝石由于包体出露表面导致光泽差异，非充填处理

工树脂充填处理宝石的大型仪器，根据有机充填物的特征峰可确定充填物的存在，有时还可区分充填物质种类。

注意！不是所有的宝石表面光泽差异都指示宝石经过了充填处理，宝石自身含有的一些晶体包体出露表面，由于与主体宝石折射率存在差异也会出现表面光泽差异现象，需仔细进行区分。

表 3-5 宝石常见处理方法关键鉴别方法及特征

处理方法		关键鉴别方法及特征
染色处理		放大检查颜色沿宝石达表面裂隙分布，或在表面缺陷处富集
覆膜处理		放大检查宝石表面膜层脱落、光泽异常
扩散处理	表层扩散	浸油（水）观察颜色在宝石表面、腰棱、缺陷处富集
	体扩散	成分测试分析扩散元素含量异常
辐照处理		紫外可见吸收光谱
充填处理	玻璃充填	放大观察表面光泽差异、充填物残留等； 红外 / 拉曼光谱可测试到玻璃态物质 铅（Pb）、钴（Co）玻璃充填成分分析元素异常
	人工树脂充填	放大观察表面光泽差异、气泡、充填物残余、裂隙“闪光效应”； 红外光谱分析出现有机充填物吸收峰； 发光图像分析

Chapter 4

彩色宝石高级辨假

确定了你所拥有的是一颗没有经过处理的高档彩色宝石后，我们进一步关注的是宝石是否经过人工优化以及优化的程度等级？宝石品质如何？是否来自著名产地？这些也就是本书高级辨假的主要内容。

Au750
D1.740ct
S92.36ct OLTF

彩色宝石的优化方法及优化程度

红蓝宝石的加热历史悠久，其结果稳定、持久而被人们接受，目前市场上出售的多数红蓝宝石和坦桑石都经过了加热处理；祖母绿色美但多裂，人们也逐渐接受了祖母绿通过一定程度的净度优化以掩盖裂隙、改善外观。宝石的热处理和浸无色油我们归为“优化”方法，但是大自然也总会赐予我们一些天然珍贵的宝物，它们天生丽质，不需要经过任何人工优化也能闪烁绚丽光芒。高档宝石的“天然美”与“美容美”当然还是存在价值上的差异，所以本节将重点与您分享如何区分红蓝宝石是否经过加热处理；而对于大部分经过了充填净度优化的祖母绿，我们更关注其净度优化的程度。

目前市场上颜色浓艳，个大体净的坦桑石多经热处理

祖母绿通过浸无色油掩盖裂隙，改善外观

红蓝宝石的热处理

宝石的热处理简单说就是在特定条件下，通过加热，改变宝石中原有的致色微量元素的含量和价态，使宝石颜色发生改变。热处理方法可以说是目前商业上应用最广泛的宝石改色方法。

红蓝宝石进行加热处理可以：

（1）削减红宝石中多余的蓝色和削弱深色蓝宝石的蓝色。

（2）诱发或加深蓝宝石的颜色，使样品颜色由浅变深。

（3）去除红蓝宝石中的丝状包体和发育不完美的星光或产生星光。

（4）将浅黄色、黄绿色的蓝宝石加热变为橘黄色以至金黄色等。

通过热处理消除红宝石内部蓝核
图片来源：网络

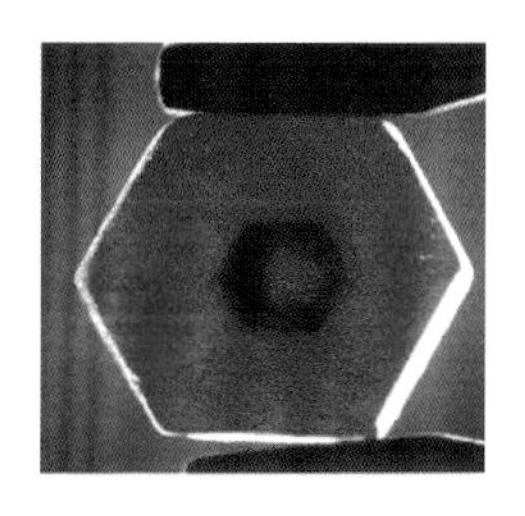

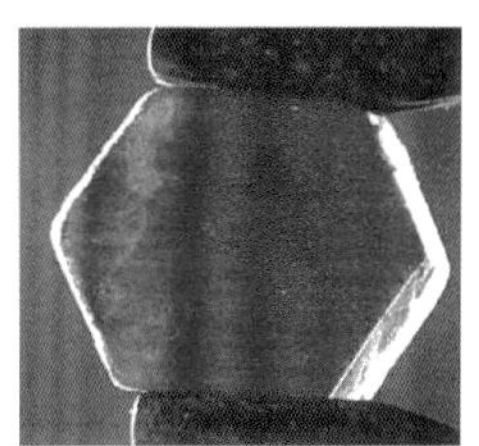

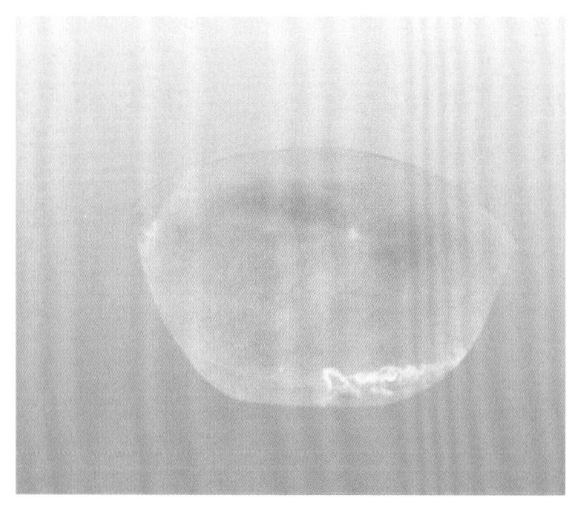

热处理前后的蓝宝石对比图
图片来源：网络

热处理红蓝宝石的鉴别

热处理红蓝宝石的鉴别一直是国际彩宝界的高端技术难点，并不是所有的实验室都能进行红、蓝宝石加热处理的区分，尤其近些年低温热处理方法的广泛使用，给珠宝鉴定师们又提出了更高的技术要求。通常比较有效的鉴别方法是通过放大观察宝石内部包体特征的变化并辅助红外光谱等光谱技术，总之，宝石是否热处理的辨别需要鉴定师非常丰富的相关知识和长时间的经验积累。

（1）放大检查

1）固态包体：经热处理的红、蓝宝石内部晶体包体会发生不同程度的变化。一些低熔点包体，如长石、方解石、磷灰石等，在长时间的高温作用下发生部分熔解，晶体边缘变得圆滑。一些针状、丝状固态包体如金红石则在高温下变成断续的丝状、微小的点状等形态。

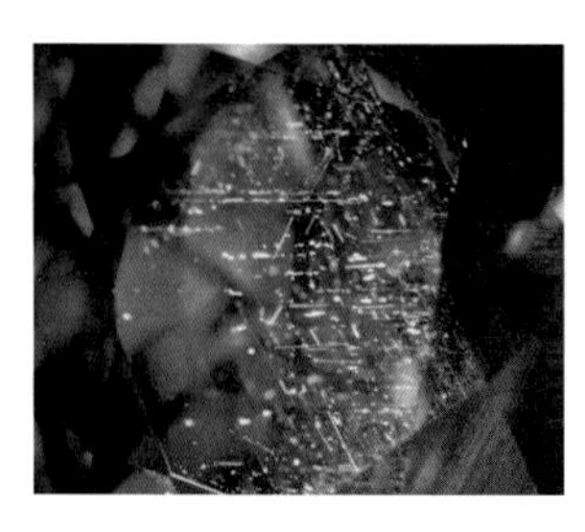

蓝宝石的针状包体

2）流体包体：红、蓝宝石内的原生流体包体在高温作用下会发生胀裂，流体浸入新胀裂的裂隙中。

3）色带：热处理后的红、蓝宝石可有颜色不均匀现象，如出现特征的格子状色块、不均匀的扩散晕。放大检查可看到这些色带或色斑的颜色是由一些边缘模糊的蓝点聚集而成的雾状包体。处理前后原色带的颜色、清晰度也会发生不同程度变化。

4）表面特征：高温后，红、蓝宝石的表面会发生局部熔融，产生一些凹凸不平的麻坑。

蓝宝石内晶体高温后发生部分熔蚀

含有熔融残余物的部分愈合裂隙指示该宝石经过热处理

图片来源：网络

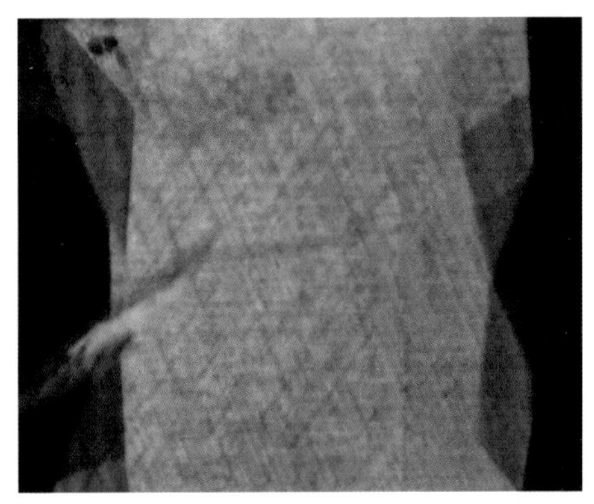

蓝宝石热处理后原色带变模糊，似蓝点聚集的雾状包体

图片来源：网络

祖母绿吊坠

(2) 荧光观察

◎热处理蓝色蓝宝石通常不具有荧光，或仅在短波下具有白垩色的蓝色调或绿色调荧光。

◎热处理红宝石通常具有较强的红或橙红色荧光，且长波下的荧光强于短波。

(3) 红外光谱特征

◎若知道红蓝宝石的矿床成因，红外光谱用于分析红蓝宝石是否经过热处理非常有效。可通过分析宝石中与羟基（-OH）有关的吸收峰（消失或出现）判断红蓝宝石是否经过加热处理。

◎若红外光谱检测出某些包体如水铝矿（加热后失水消失）的吸收峰可为该宝石未经加热处理提供重要证据。

祖母绿的净度优化程度分级

早在 14 世纪，人们就通过浸油等方式改善祖母绿净度和外观，目前市场上 99% 的祖母绿都会经过不同程度的充填处理。我们将以掩盖祖母绿裂隙为主要目的的充填称作净度优化，祖母绿的净度优化程度是仅次于颜色的另一最重要的要素。不同于颜色、净度等其他分级要素的是，祖母绿的净度优化程度等级必须由专业技术人员在实验室通过显微观察和测试才能完成。

1. 祖母绿净度优化程度分级的分析手段

进行祖母绿净度优化程度分级主要通过放大检查+

红外光谱分析+发光图像分析综合得出结论。

◎放大观察：观察到达表面裂隙的长度、数量、位置；观察到达表面裂隙深度、充填物的多少、充填物残留情况；

◎红外光谱：判断有无充填物；判断充填物的种类和大致判断充填物多少；

◎发光图像分析：辅助判断裂隙长短、多少、位置（直观有效，尤其针对一些微细裂隙）。

祖母绿充填前后对比图

2. 影响净度优化程度的因素

祖母绿充填物必须通过达表面裂隙才能进入祖母绿内部，所以祖母绿表面裂隙的大小和数量直接影响进入祖母绿充填物的多少，裂隙所在位置和内部充填物的多少也对祖母绿充填前后外观的改变程度有直观影响。

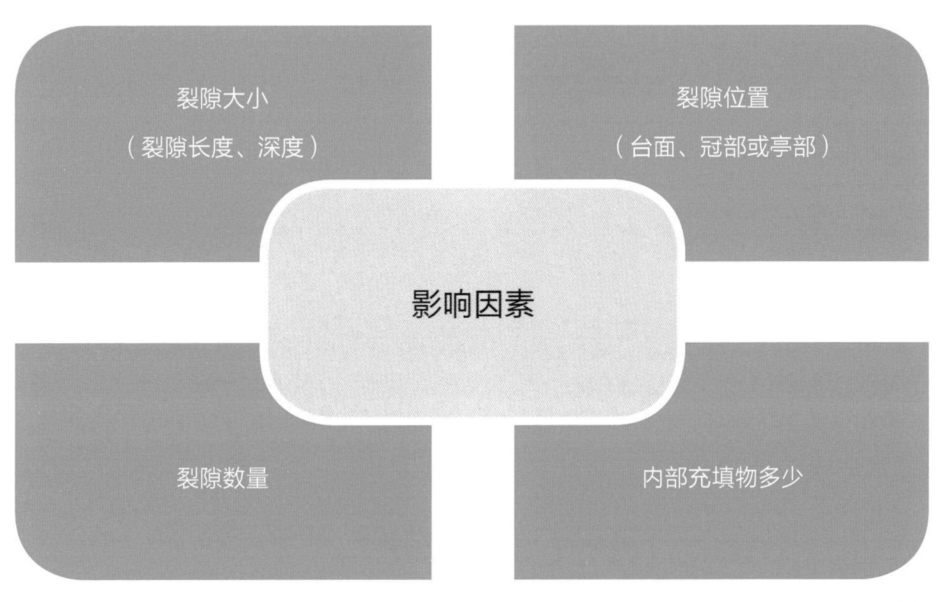

（1）裂隙大小：基于对大量充填祖母绿表面裂隙的研究分析，我们综合裂隙的长短和裂隙的深浅将裂隙大小分为小裂隙、中裂隙、大裂隙和贯穿裂隙。

表 4-1　充填祖母绿表面裂隙分析

裂隙大小等级	说明	对应可能充填等级
—	非常少量充填物量，对祖母绿净度影响可忽略不计	IF
小裂隙	少量充填物，对祖母绿净度影响非常轻微	IF/F1
中裂隙	中等充填物，对祖母绿净度有轻微影响	F1/F2
大裂隙	比较多的充填物，对祖母绿净度有一定影响	F2/F3
贯穿裂隙	大量充填物，对祖母绿净度有明显影响	F3

（2）裂隙数量：达表面各种大小裂隙的数量。

（3）裂隙位置：我们将裂隙所在位置划分为 3 个区域：台面、冠部、亭部。

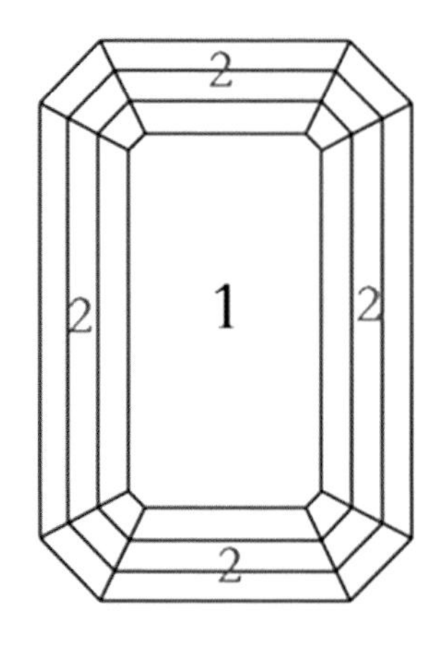

1：台面
＞
2：冠部
＝
3：亭部

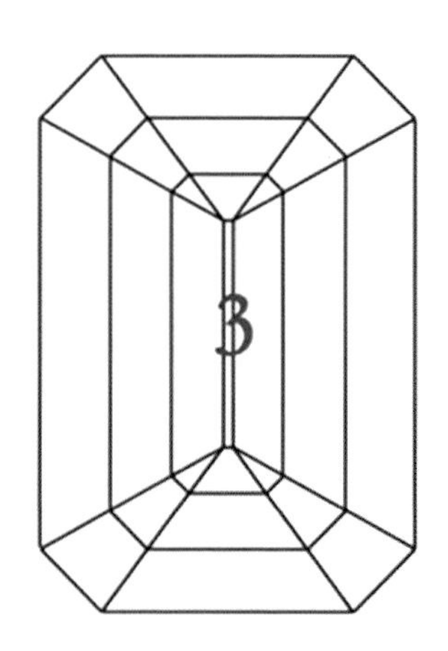

裂隙位置示意图

3. 净度优化程度等级划分

进行祖母绿充填程度分级时我们需综合考虑充填祖母绿的裂隙大小、数量、位置和内部充填物多少。我们将祖母绿的净度优化程度划分为 5 个等级：未经净度优化（N）、净度优化不明显（IF）、净度优化轻微（F1）、净度优化中等（F2）、净度优化明显（F3）。

表 4-2 祖母绿充填程度对比

充填程度	不明显（IF）	轻微（F1）
充填前后外观改变示意图	 	 
充填程度	中等（F2）	明显（F3）
充填前后外观改变示意图	 	 

最后，需要特别提醒的是：祖母绿的净度优化程度级别并不等同于祖母绿的净度级别，也就是有时净度级别不是很好的祖母绿（由于达表面裂隙少），充填程度级别有可能很好。由于祖母绿充填效果的不持久，净度优化的祖母绿须在宝石相关质量体系文件中说明。

彩色宝石之“好不好？”——品质分级

珠宝玉石的品质不同，直接影响其美观程度，更直接影响其价值，彩色宝石的品质分级对宝石市场的形成和发展具有重要意义。宝石市场繁荣发展，消费市场对其品质分级的迫切要求也逐渐凸显，消费者关心所购买的珠宝玉石“好不好”？珠宝商也希望宝石交易中对宝石品质能有据可循，所以，一套统一、合理、有实践依据的宝石分级体系必将对我国珠宝玉石市场的规范、产业的升级起到重要作用。

蓝宝石饰品

目前国际上有不少关于有色宝石的品质分级体系，但迄今尚无一个被世界彩色宝石业界广泛接受的分级体系。这跟宝石品种具有多样性和评价要素之间影响的复杂性有直接关系，也跟不同国家地区民族对彩色宝石颜色的偏好、艺术品位差异、各国

绚丽多彩的彩色宝石

消费水平、消费观念、经济发展水平等有明显关系。结合我国宝石市场和国情等情况，经过6年漫长的标准研制过程，我国刚刚颁布了红宝石、蓝宝石、祖母绿分级三项国家标准。

彩色宝石分级的主要要素

彩色宝石之“好不好”，应综合考虑以下几个要素。

1. 颜色分级

颜色是决定彩色宝石品质和价值的最主要因素，所以对彩色宝石颜色的分级和描述至关重要。商业上人们习惯把宝石的颜色比作熟悉的与颜色相关的日常物体，如描述红宝石颜色时会用“鸽血红色”“樱桃红色”等，但总的来说商贸中的颜色描述还是过多依赖主观认识，如果没有统一的颜色表述系统，就不能准确描述其颜色。

天然鸽血红红宝石

图片提供：珠宝小百科董海洋

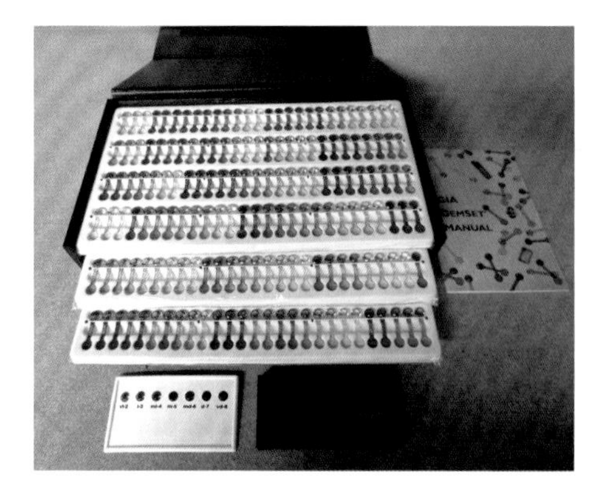

GemSet比色标样（左图）和GEMDIALOGUE色卡（右图），将宝石与各个色标对比，找出最相近的颜色，即可确定宝石的色调、明度和彩度

目前国际上应用较广的主要有GEMDIALOGUE颜色描述和分级体系以及GIA的GemSet颜色分级体系，我国彩色宝石分级标样主要是以蒙赛尔颜色图册为基础配置的标准颜色标样。颜色分级的方法即在特定的分级环境和光源下，通过将待分样品与色标或颜色标准样品进行比对，给出相应级别和描述。

我国蓝宝石颜色分级标样
照片提供：张健

深蓝

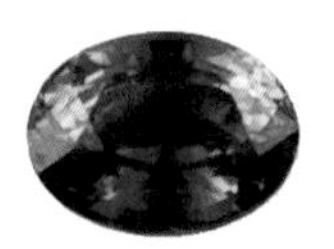

艳蓝

浓蓝

蓝

淡蓝

颜色分级一般从颜色三要素入手，即色调、明度和彩度：

表 4-3　宝石颜色分级三要素

颜色分级三要素	说明	图示
色 调	色调即纯正光谱色：红、橙、黄、绿、青、蓝、紫，宝石常常显示几种色彩的混合色。观察颜色时，应从台面观察，确定宝石中最主要的色调，再找出宝石中次要的色调	
明 度	色彩的明亮度，深或浅、黑或白的程度（图示中明度由左向右逐渐降低）	
彩 度	色彩的强度或鲜艳程度（图示中色彩彩度由上向下逐渐降低）。彩度最低时，颜色为完全中性的灰色，而彩度最高即纯光谱色	

图兰朵彩宝吊坠
图片提供：Anna Hu

我国的红蓝宝石、祖母绿分级标准中的颜色分级在此基础上又根据各宝石特性有所差别，如：红宝石和祖母绿明暗度对其品质影响不大，所以红宝石和祖母绿颜色分级中没有明度分级项。蓝宝石颜色不均匀对其品质影响较大，所以在蓝宝石颜色分级中加入对颜色不均匀程度的描述。颜色分级中与市场紧密结合，为商业中已被人们熟知和使用的一些商业名称留有出口，如将“鸽血红”“皇家蓝”等名称与颜色级别对应并加以说明。

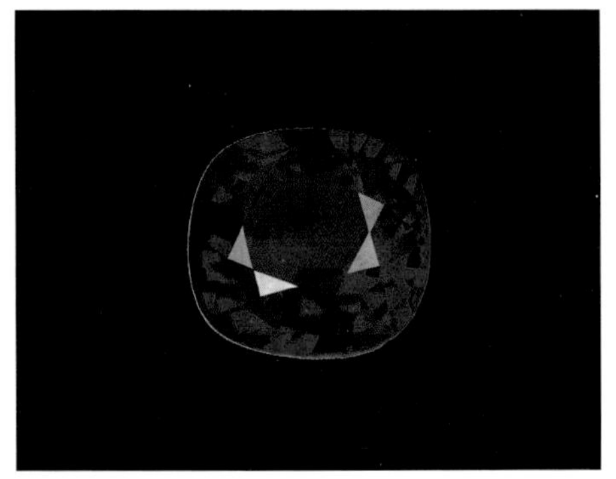

如鸽血般浓郁鲜艳的红色，是公认的最美的红宝石颜色

选购贴士：原则上宝石的颜色越接近光谱色，越纯正、越均匀，明度越高，品质越好。

◎红宝石中的极品颜色被称为“鸽血红”，这是一种鲜艳强烈没有杂色调的纯正红色。市场上常见的红宝石多带有紫色调，紫红色红宝石价值较低。

◎蓝宝石颜色以纯正的蓝色和带微紫色的蓝色为佳，带绿色调的蓝色价值较低，蓝色中带有杂色调也不受欢迎。颜色最好介于中深到浓，过浅或过深都影响价值。蓝宝石色带发育，还容易带灰色调，所以要看颜色是否均匀，色带的位置是否台面可见都会影响其品质。

矢车菊蓝——一种带有朦胧的略带紫色色调的浓重蓝色的蓝宝石，给人以天鹅绒般的独特质感和外观，主要产自克什米尔。

皇家蓝——蓝宝石中的贵族，鲜浓的蓝色带紫色调，带有一种浓郁深沉的贵族气质，以产自缅甸者为佳。

◎祖母绿颜色多呈翠绿至深绿色、带有不同程度蓝色调或黄色调。纯正翠绿色祖母绿价值最高，但90%的优质祖母绿都是绿带微蓝色，带太多蓝色调或黄色调都会降低其价值，绿中带黄的祖母绿价格又低于绿中微蓝的祖母绿。

蓝宝石中的极品——矢车菊蓝宝石，蓝色色泽纯透鲜艳，典雅高贵
图片提供：张建辉

2. 净度分级

净度对宝石的美观程度和耐用程度有很大的影响，在宝石交易过程中，宝石净度对消费者购买心理存在很大的导向作用，所以净度也是影响宝石品质的主要因素。

钻石的净度分级理论相对最成熟、接受度最高、应用最为广泛，目前彩色宝石比较流行的净度分级理论和描述方式与钻石净度分级理论类似。但彩色宝石的净度分级没有钻石净度分级那样严格，其分级的主要依据依靠肉眼观察，而不是放大镜。

不同净度级别的祖母绿标样
（由上向下净度逐渐降低）
图片来源：网络

按净度可将彩色宝石分为三种类型：

1 型几乎没有包体的宝石（海蓝宝石、绿柱石）。

2 型具有正常数量包体的宝石（红宝石）。

3 型通常含有大量包体的宝石（祖母绿、粉色碧玺等）。

虽然三项国家标准的净度分级都划分为 4 个级别：极纯净、纯净、较纯净、一般，但由于这三个宝石净度特性分属不同类型，其各级别语言描述有所区别，评判标准也不尽相同。

选购贴士：宝石透明度越好，内含物越少，净度越好，价值越高。

对于红宝石而言，完全透明无瑕的宝石非常难得，总会包含各种各样的包裹体，因此对红宝石的透明度和净度要求会低些。而对于蓝宝石来说，净度好的蓝宝石相对容易找到，所以其要求会比红宝石高得多。祖母绿属于低净度宝石，通常肉眼就能观察到宝石内部包裹体，所以对其净度进行评价时应综合考虑其稀少性和净度对外观的影响程度。

3. 切工

切工品质的优劣对宝石的外观、颜色、透明度等都有很大的影响，切工评价参数一般包括宝石的切割比率、对称、抛光、亮度等。由于很多高档彩色宝石的切割都会受宝石稀有性、宝石内部特征、宝石多色性等因素的影响，彩色宝石的切工分级相对更为复杂。

切工分级中，三项国家标准都采用了对其火彩进行分级，对宝石琢型进行描述。火彩是很多因素综合影响的结果，包括宝石的切割比例、本身的透明度和纯净度、颜色等。火彩也是一个关键的品质评价因素，简单来说就是看是否够亮，是否够闪。判断火彩好坏的具体操作是：在适当光源下，轻微晃动宝石，观察宝石刻面明亮部分的面积，闪烁刻面越多，火彩越好。根据闪烁刻面的比例将火彩分为极好、好、较好、一般 4 个级别。

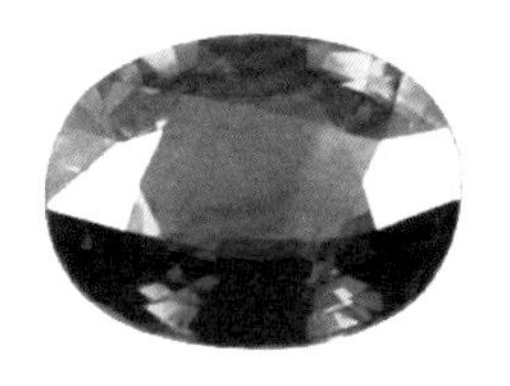

不同火彩级别的蓝宝石，
上为极好，下为好
图片提供：张健

好的切工应尽量避开红宝石的强多色性和蓝宝石的色带对宝石整体颜色的影响。为最大程度地显示祖母绿的颜色，祖母绿的刻面型宝石多采用“阶梯型”，由于此类琢型多见于祖母绿宝石，所以又叫“祖母绿型”。除被切磨成刻面型，一些净度较差的祖母绿还被加工成素面型，这类祖母绿价值也相对较低。

阶梯型切工祖母绿饰品
图片提供：星城祖母绿

4. 重量

彩色宝石分级中的一个主要要素，按国际交易习惯，以克拉重量计算。

天然红宝石颗粒一般较小，5Ct 以上的优质红宝石就比较罕见，所以红宝石越大，每克拉的价格越会大幅度升高。相对而言，蓝宝石的产量

多于红宝石，大颗粒的蓝宝石也都能见到，所以，天然蓝宝石的价格总体会比红宝石低一些。祖母绿4C评价中，克拉重量是最后考虑的价值决定因素，同等品质的祖母绿克拉重量越大价值越高。

5. 其他要素

由于宝石的特性差异，影响不同的宝石品种品质的要素有所不同，常使用的分级要素还有宝石的透明度、特殊光学效应等。

◎根据红、蓝宝石有无热处理及热处理残留物的多少，将其划分为五个类别。热处理类别依次表示为未经热处理（N）、热处理无残留（H）、热处理少量残留（H1）、热处理中量残留（H2）、热处理大量残留（H3）。

◎猫眼：猫眼的尖锐程度、猫眼是否居中、眼线的开闭是否明显、宝石的透明度及内外部瑕疵。

◎星光：星线的条数、位置、颜色、完整程度、清晰程度、转动情况、宝石的颜色、透明度等与星光的对比度，宝石的琢型与星线是否协调等。

◎变色：不同光源下宝石的颜色、颜色变化程度及变化的反差、瑕疵、透明度。

黄色绿柱石猫眼

随着我国三项彩色宝石国家分级标准的普及和应用，逐渐在交易中形成统一、规范的“语言”，必将促进我国彩色宝石市场的进一步规范发展，进一步让消费者知晓各品种的不同品质划分规则，了解不同价格背后的品质因素所起的作用，知道所买宝石“好不好”。

主要彩色宝石的重要产地

彩色宝石的品质往往与其产地有很直接的关系，随着人们对珠宝高档彩色宝石奢侈品的喜爱和收藏、产地意识的增强，消费者和珠宝爱好者对高档彩色宝石的关注点已不仅仅停留在真假上，对其产地的鉴定需求越来越强烈。有着悠久的人文历史和皇家珍藏背景的产地，就像拥有一种无形的品牌，例如“哥伦比亚祖母绿”数百年来被皇室视为珍宝，“缅甸红宝石”“克什米尔蓝宝石”等也都被投资者追捧，近些年的新贵还有“帕拉伊巴碧玺”等，这些产地产出的宝石在消费者心里占有重要地位。一些重要的拍卖公司需要通过贵重宝石的产地来准确评估其价格，同时，消费者也愿意为世界著名产地的珍稀宝

各色帕拉伊巴碧玺

石付出更高的价格。一颗产自哥伦比亚的祖母绿，其价格往往比同品质的其他产地的祖母绿高出 2～3 成。

不同种类的彩色宝石，人们对产地鉴定的需求也不一样，事实上，国际上只对经济价值比较高的几个主要品种进行过产地鉴定的研究。即使是这几个品种，也由于矿区的地理差异小，地质成因类似，其产地信息差异不明显或有所重叠。所以，产地鉴定存在一定的局限性。

最有效的产地鉴定方法通常需要综合分析多方面的数据得出结论，有效的鉴定方法主要是：

◎内部特征——高倍显微镜放大检查：比如祖母绿中的三相包体，仅在哥伦比亚、尼日利亚等少数几个产地产出的祖母绿中可以见到；马达加斯加蓝宝石中常见大量橙红色透明浑圆—拉长状的金红色包体，是该产地蓝宝石的典型包体特征。

◎化学“指纹”特征——精密成分分析仪器组合分析宝石所含微量元素的含量及比例。

◎光谱特征——紫外—可见吸收光谱、红外、拉曼光谱特征等辅助鉴定。

祖母绿饰品

图片提供：星城祖母绿

祖母绿

由于祖母绿生成需要苛刻的成矿地质环境，世界各地的祖母绿资源在相对稀少的同时，在品质上也存在一定差异。

祖母绿饰品
图片提供：星城祖母绿

◆ 哥伦比亚

哥伦比亚是目前世界上最大的优质祖母绿产地。其出产的祖母绿以其颜色佳、质地好、产量大闻名于世。其产量占到世界祖母绿总产量的60%以上。哥伦比亚祖母绿的开采始于16世纪中叶，有近200个矿点。几个世纪以来，木佐和契沃尔矿山一直是世界上最大的优质祖母绿供应地，几乎垄断了国际市场。但经过几百年的开采，有些著名矿区祖母绿资源面临枯竭。

哥伦比亚矿区所产的祖母绿颜色美丽，呈鲜艳的绿色，有的略带蓝色调，且净度好，因而“哥伦比亚祖母绿”已成为优质祖母绿的代名词。哥伦比亚祖母绿中常见白云母、滑石、黄铁矿、石英、碳酸盐等包体。经典的气—液—固三相包体（岩盐晶体＋水溶液＋液态碳氢化合物）曾是哥伦比亚祖母绿的产地鉴定特征，但后来在尼日利亚等地祖母绿中也发现了类似包体特征。

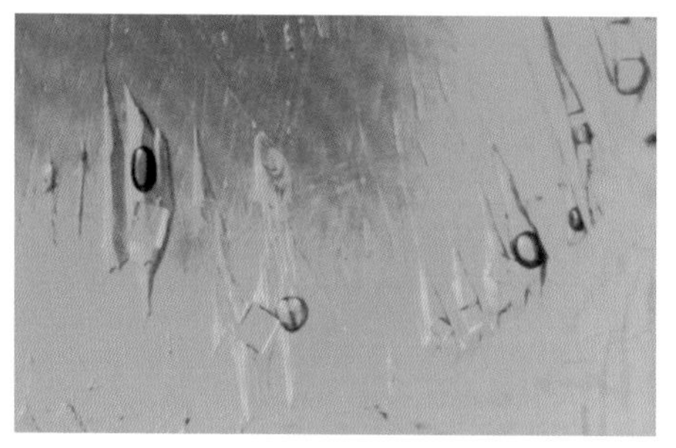

哥伦比亚祖母绿中气—液—固三相包体，不能作为绝对产地鉴定依据但有指示意义
图片来源：古柏林实验室

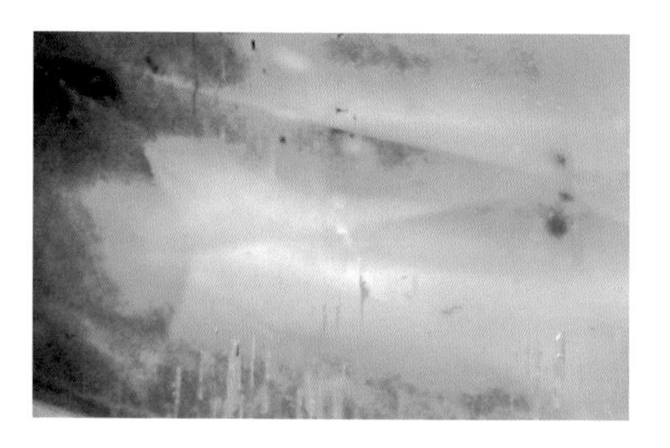

巴西祖母绿中气液两相包体

◆ 巴西

虽然人们早在1917年就在巴西发现了祖母绿，但直到1962年才在巴伊亚州境内发现了优质的祖母绿。目前，随着多个新矿的发掘，巴西已经逐渐变成祖母绿的主要供给国之一，其产量能占到世界祖母绿总产量的10%左右。巴西祖母绿的诱人之处在于，其产地比较多，晶体少瑕疵。然而令人遗憾的是，巴西祖母绿的晶体偏小，颜色也不够理想，多数偏浅偏淡。

◆ 非洲（赞比亚和津巴布韦等）

祖母绿裸石
图片提供：星城祖母绿

非洲南部（赞比亚、津巴布韦、南非）是祖母绿另一重要产区，与哥伦比亚、巴西呈三足鼎立之势。其品质介于哥伦比亚和巴西之间。非洲作为世界第二大祖母绿出产地，产出了全世界20%的祖母绿。其中，赞比亚的祖母绿品质让人惊喜，该地所产的祖母绿有良好的透明度和浓翠绿色，往往还微

带蓝色调。优质者的品质可以与哥伦比亚的媲美。

除哥伦比亚、巴西、赞比亚和津巴布韦这几个主要祖母绿产地外，其他产地还有巴基斯坦的Swat山谷地区，阿富汗、马达加斯加、中国云南等。

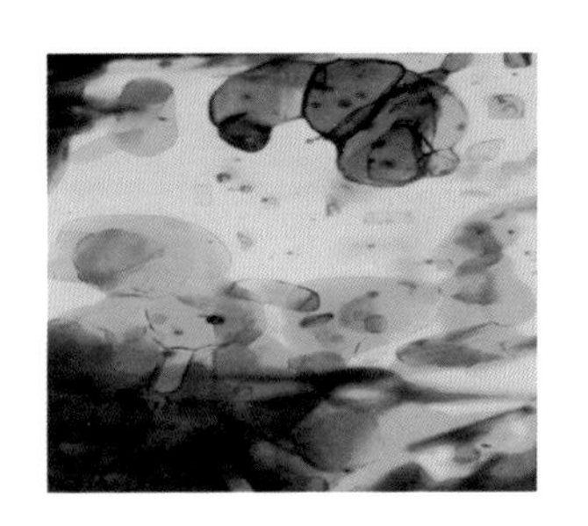

赞比亚祖母绿中棕色片状云母包体

图片来源：古柏林实验室

红宝石

由于红蓝宝石同属刚玉族矿物，且地质成因相似，故世界上宝石级刚玉矿床分布大致相同。世界各地发现的红宝石矿床和矿点有400多个。世界五大洲均有红宝石矿床。亚洲红宝石主要集中在中亚和东南亚。

◆ 缅甸

缅甸是世界主要的红蓝宝石产地，其中红宝石产出地区主要有抹谷和孟速。缅甸抹谷矿区是世界上最经典、最重要的红宝石矿区，几个世纪以来，抹谷地区一直是市场上最优质红宝石（鸽血红）的供应地。缅甸抹谷红宝石含有丰富的Cr_2O_3，因而具有鲜艳的玫瑰红—红色。但颜色往往分布不均，呈絮状或团块状。缅甸红宝石很少见流体包体，固态包体丰富，金红石含量丰富，除此之外还常见方解石、尖晶石、磁铁矿、磷灰石等包体。

鸽血红红宝石裸石

图片提供：深圳新中泰公司

孟速矿区是缅甸另一个具重要商业价值的红宝石产地。该产区红宝石原石多呈褐红色、深紫红色，其中心具蓝色或黑色核。热处理后样品整体呈红至

缅甸红宝石中晶体包体丰富
图片来源：古柏林实验室

缅甸红宝石中三向排列的金红石针状包体

暗红色，核心蓝色、黑色色调减弱，但仍保留核心痕迹。金红石包体少，双晶发育。孟速地区还产出“达碧兹”红宝石，有6条不会动的星线，核可能为黄色、黑色或红色。

◆ 泰国

泰国红宝石虽然没有缅甸那么重要，但自19世纪后期以来，泰国正式成为红宝石的主要供应国。泰国的主要宝石矿床位于尖竹汶—达叻产区。

泰国红宝石含杂质元素铁(Fe)较高，所以颜色较深，透明度低，多呈浅棕红色至暗红色。颜色较均匀，色带不发育。泰国红宝石含丰富的流体包体，流体包体多聚集成指纹状、圆盘状，中央分布已溶蚀的磷灰石、黄铁矿等晶体，似“煎蛋”状图案；几乎缺失金红石包体，因此没有星光红宝石品种，但含有丰富的水铝矿包体。

亚洲其他主要红宝石产地还有斯里兰卡、越南陆

热处理前，孟速红宝石有明显蓝核

特殊现象“达碧兹”红宝石，半透明的红宝石被不透明的黄色臂分割成六瓣

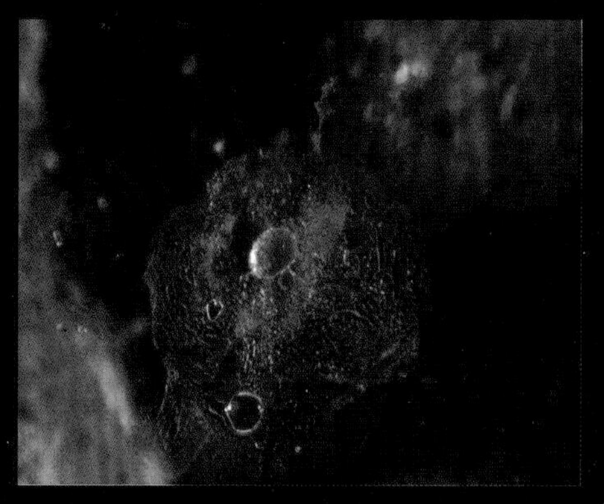

泰国红宝石中“煎蛋”状流体包体，产地包体特征

图片来源：古柏林实验室

泰国红宝石中的水铝石

图片来源：古柏林实验室

安、阿富汗、中国等地。斯里兰卡红宝石透明度高，颜色柔和；颜色多姿多彩，几乎包括浅红—红一系列中间过渡颜色，但色带发育，高档品为“樱桃”红色。

非洲的主要红宝石产区有东部的肯尼亚和南邻的坦桑尼亚、马达加斯加等，坦桑尼亚是红宝石的主要出产国之一。2008年在坦桑尼亚的温扎发现了顶级的红宝石，艳红色红宝石颜色分布均匀，不经热处理就可出售，但可能出现轻微色区，经低温热处理后能有非常好的颜色。

蓝宝石

亚洲是最传统的蓝宝石产地，几个世纪以来，

坦桑尼亚温扎红宝石母岩及红宝石晶体
图片来源：古柏林实验室

克什米尔、缅甸、斯里兰卡和泰国都是优质蓝宝石的主要产地。

蓝宝石

◆ 克什米尔

克什米尔出产世界最为名贵的蓝宝石，具有饱和度极高的蓝色并带有天鹅绒般质感的矢车菊蓝宝石，与抹谷的红宝石和哥伦比亚祖母绿齐名。克什米尔蓝宝石内部可见各种形状的固态包体，常见锆石包体。

◆ 斯里兰卡

斯里兰卡的蓝宝石虽然色浅但是颜色丰富，而且品质极优，特别是橙色和黄色蓝宝石，颜色纯正、饱和度高，斯里兰卡还出产高品质、高饱和度的橙粉色蓝宝石，商业上称作帕德玛。

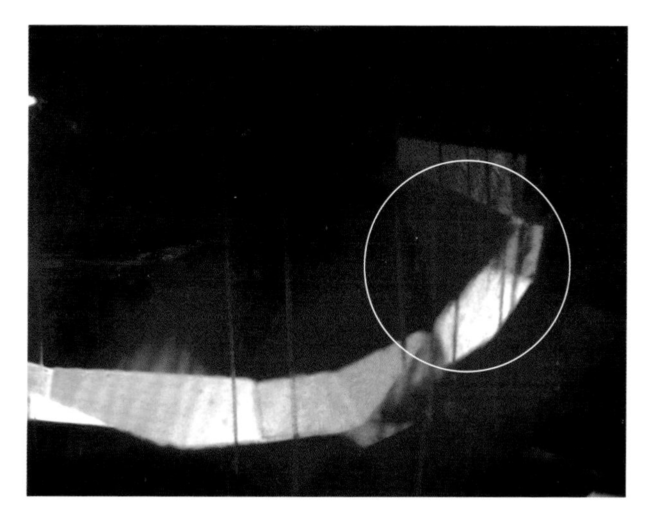
莫桑比克红宝石中线状包体

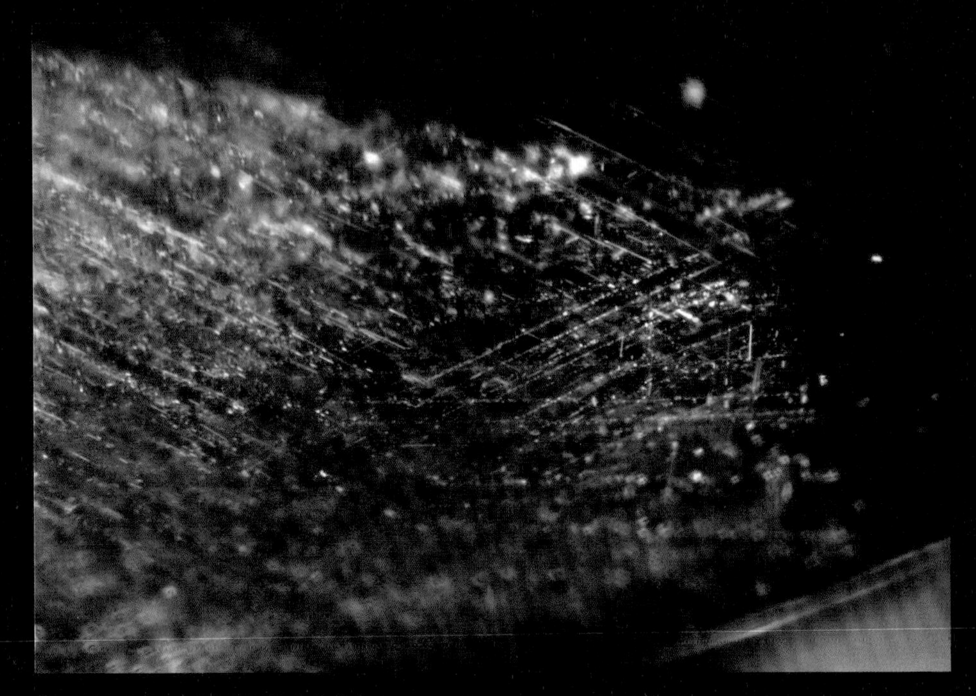

斯里兰卡蓝宝石针状金红石定向分布

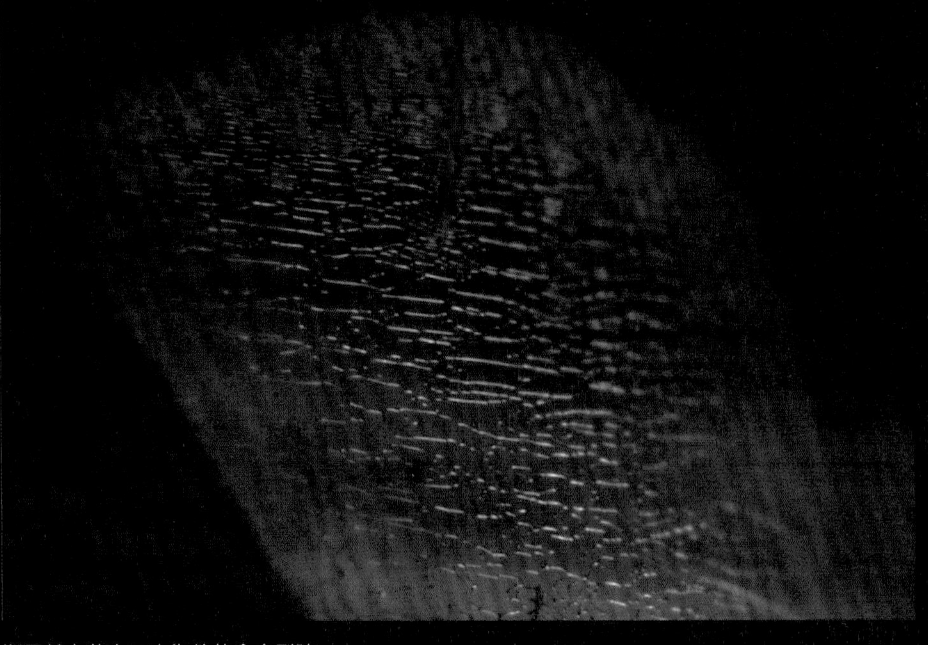

斯里兰卡蓝宝石内指纹状愈合裂隙

◆ 泰国蓝宝石

克什米尔蓝宝石发现之前，泰国一直是蓝宝石最重要产地，泰国蓝宝石颜色普遍较深，还产出绿色和颜色较浅的黄色蓝宝石，产量大，该地区所产蓝宝石一般都须经高温热处理才能上市。

非洲蓝宝石矿区发现较晚，但在市场上所占比重越来越大，主要产地有坦桑尼亚、肯尼亚和马达加斯加等。近 20 年，马达加斯加已成为世界上最重要的蓝宝石产地，所产蓝宝石品质较好，颜色丰富。

泰国蓝宝石中架状包体特征

马达加斯加彩色蓝宝石

图片来源：古柏林实验室

Chapter 5

彩色宝石的选购及保养

市场上各种宝石造假、处理方法层出不穷，前言中我们提到过本书的最主要目的是带您更深入地了解和认识彩色宝石。对于普通消费者来说，选购珠宝时，最简单直接的办法还是索要鉴定证书，认准证书、看懂证书，让证书帮我们辨别真假、分辨优劣，维护我们的合法权益。

彩色宝石的“身份证”——鉴定证书

国外彩色宝石证书

说到国外彩色宝石证书，不得不提以下几家国际宝石鉴定机构：

◎德国 Gubelin：业内最著名的宝石实验室之一，在彩色宝石产地鉴定方面具有最高权威性。

◎美国 GIA：目前国内珠宝市场上最流行的还是 GIA 的钻石 4C 分级证书，而且 GIA 的彩色宝石鉴定在国际上也很权威。

◎瑞士 GRS：目前国内市场上最常见到的宝石鉴定证书，但在彩色宝石颜色评级、祖母绿净度优化评级等方面比较宽松，相对商业化，还时常创造出一些新词汇。但商家喜欢，消费者也欢迎。

蓝宝石梨形裸石

GÜBELIN
GEM LAB

EDELSTEIN-BERICHT · RAPPORT DE PIERRE PRECIEUSE
GEMSTONE REPORT

Duplicate of Original Report
dated 15 January 2020

No.	XX00009
Datum · Date · Date	15 January 2021
Gegenstand · Objet · Item	One faceted gemstone
Gewicht · Poids · Weight	**3.22 ct**
Schliff · Taille · Cut	
Form · Forme · Shape	cushion-shape
Stil · Style · Style	brilliant cut / step cut
Abmessungen · Dimensions · Measurements	7.80 x 7.10 x 5.80 mm
Transparenz · Transparence · Transparency	transparent
Farbe · Couleur · Colour	**red**

IDENTIFIKATION · IDENTIFICATION

Spezies · Espèce · Species
NATURAL CORUNDUM

Varietät · Variété · Variety
RUBY

Gemmological testing revealed characteristics consistent with those of rubies originating from:
Burma (Myanmar)

Bemerkungen · Commentaires · Comments

No indications of heating (NTE).
Rubies which have not been heated are scarce.

GEMMOLOGISCHES LABOR · LABORATOIRE GEMMOLOGIQUE · GEMMOLOGICAL LABORATORY
Maihofstrasse 102 · 6006 Lucerne · Switzerland · Tel. +41 41 429 17 17 · Fax +41 41 429 17 34
www.gubelingemlab.ch · info@gubelingemlab.ch

Dr. Dietmar Schwarz　　　Dr. Lore Kiefert

Wichtige Anmerkungen und Einschränkungen auf der Rückseite · Remarques au verso · Important notes and limitations on the reverse.
Copyright©2008 Gübelin Gem Lab Ltd

古柏林实验室红宝石鉴定证书

除此之外，著名的彩色宝石鉴定机构还有美国的 AGL 、泰国的 GIT 和 AIGS（红蓝宝石分级）、瑞士的 SSEF、斯里兰卡的 GIC（蓝宝石）等。

国外彩色宝石鉴定证书与国内证书内容比较有几个主要差异。

（1）样品信息相对更为详尽：带国际证书的彩色宝石一般都是较为高档贵重的裸石宝石，证书价格相比国内证书也高很多，所以证书上提供的样品信息也会相对较多，一般都会包含样品规格、宝石基本性质等。

三色碧玺

（2）根据国家标准，经处理的宝石须在宝石检验结论中注明，备注具体的处理方法，所以国内鉴定证书的“检验结论”项非常重要；而国外证书处理宝石的相关信息一般只在证书备注“comment”或“remark”中体现，所以看国外证书一定要关注证书备注内容。

（3）国外证书经常使用一些英文缩写表示宝石经过了某种优化处理，所以消费者在看国外证书时一定要细究证书上的缩写字母及说明。如：祖母绿证书上的CE代表了宝石经过净度优化（clarity enhancement），切忌只关注证书上的定名。

（4）一些高档宝石的彩色宝石鉴定证书还会对宝石是否经过优化进行标注，如红蓝宝石是否经热处理，有些还会出具宝石的产地。但由于检测上的难度也时常出现几家机构结果互相矛盾的情况。

国内彩色宝石证书

首先说明的是国内正规珠宝质检机构出具的彩色宝石鉴定证书一般都会依据国家标准GB/T 16552《珠宝玉石名称》和GB/T 16553《珠宝玉石鉴定》标准来进行检验和命名，所以证书用语和检验相对统一和规范。以国家珠宝玉石质量监督检验中心出具的宝石鉴定证书为例：

(1) 千万别忽视证书右上角的几个标识：它们表明了该实验室通过了国家级产品质量监督检验机构的计量认证、授权认可和 CNAS 实验室认可。

(2) 证书上的样品总质量、形状、颜色描述和照片都是证明样品和证书一一对应的重要证据，消费者可逐项进行核查。

(3) 证书上的“检验结论”是最重要的内容信息，如果该宝石是人工宝石或经过处理的宝石一定会在结论里进行标注，如：合成红宝石、拼合祖母绿、染色蓝宝石、红宝石（处理）等。备注项是另一重要信息项目，根据标准会对经过处理的宝石的具体处理方法进行标注，或对检验中一些需要特殊说明的信息进行说明。对于镶嵌首饰还可关注证书上的贵金属检验结论了解镶嵌金属信息。

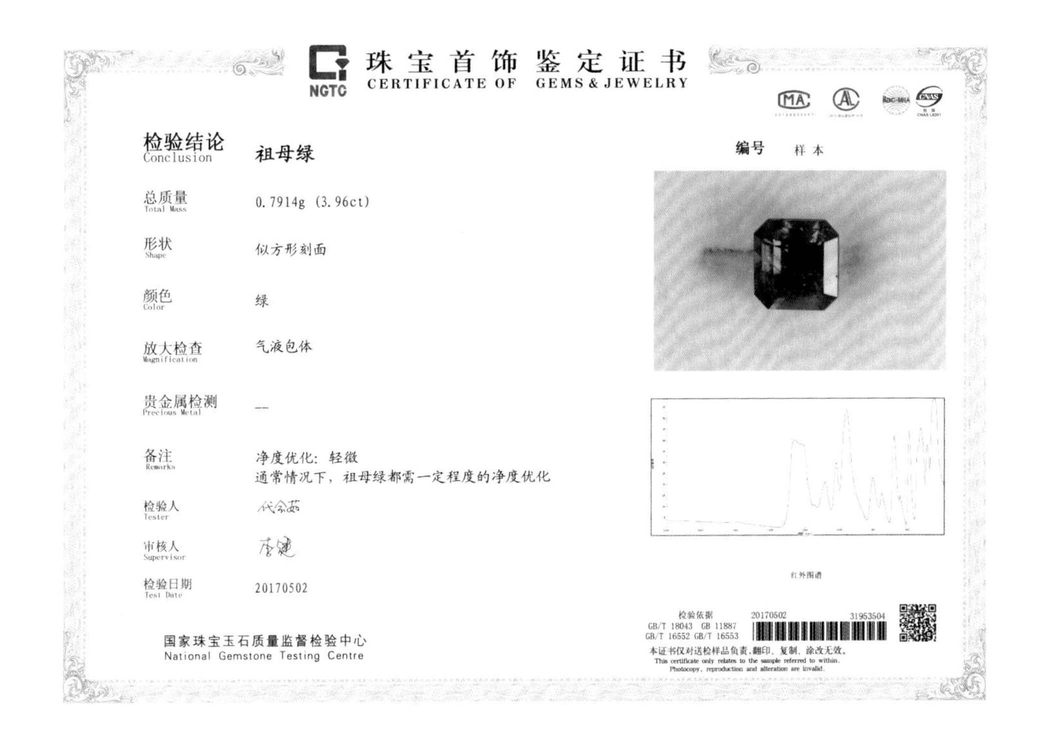
NGTC 珠宝首饰鉴定证书
CERTIFICATE OF GEMS & JEWELRY

编号 样本

检验结论 Conclusion 祖母绿

总质量 Total Mass 0.7914g (3.96ct)

形状 Shape 似方形刻面

颜色 Color 绿

放大检查 Magnification 气液包体

贵金属检测 Precious Metal —

备注 Remarks 净度优化：轻微
通常情况下，祖母绿都需一定程度的净度优化

检验人 Tester

审核人 Supervisor

检验日期 Test Date 20170502

红外图谱

检验依据
GB/T 18043 GB 11887
GB/T 16552 GB/T 16553

20170502 31953504

本证书仅对送检样品负责，翻印、复制、涂改无效。
This certificate only relates to the sample referred to within.
Photocopy, reproduction and alteration are invalid.

国家珠宝玉石质量监督检验中心
National Gemstone Testing Centre

国内珠宝首饰鉴定证书样本

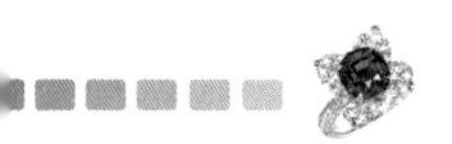

(4) 证书上还会提供宝石检验人员、审核人员、检验日期、检验依据标准、检测机构电话地址等信息。

(5) 各检验机构鉴定证书上也会提供多种不同的防伪核验方式以供消费者查证证书真假。

总而言之，鉴定证书的检验结论需经过专业培训的质检技术人员在实验室采用各种检测手段对宝石进行测试综合分析才能得出。看懂了宝石鉴定证书，才能真正了解您所拥有的彩色宝石。

图兰朵彩宝耳饰

图片提供：Anna Hu

彩色宝石首饰的清洗与保养

如何让你的宝贝永远光耀闪亮？后期的佩戴、清洗和保养很重要。

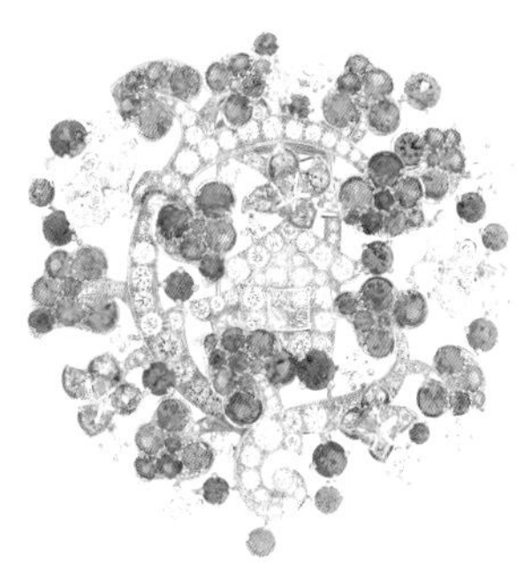

梵克雅宝彩宝饰品

彩宝首饰要单独存放

由于各品种彩色宝石的硬度不同，宝石之间以及和镶嵌金属相互摩擦、碰撞都会导致磨损，就算相同品种的宝石也可能由于不同方向的硬度不同而相互磨损。所以应避免将几件首饰不加以隔离地随意放置在抽屉或首饰箱内，每一件珠宝首饰都应单独存放于首饰袋或盒中。

红宝石戒指

图片提供：深圳新中泰

彩宝首饰需定期清洗

彩色宝石多为透明—半透明宝石，沾上人体分泌的油脂、汗水、污垢后便会失去光亮，影响宝石的美观，因此，如果经常佩戴，宜每月清洗一次。清洗时可使用性质温和的肥皂水及软毛刷或者使用

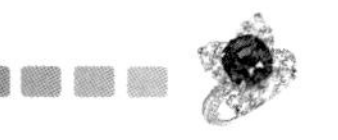

超声波清洗机进行清洗，还可以借助牙签等清除宝石和托爪间的污垢。

需要提醒的是超声波清洗机并不适合所有的彩色宝石，一些裂隙较多的宝石如祖母绿、碧玺等会由于频繁震荡而加重裂隙，这类宝石仅用清水小心清洗即可。

祖母绿戒指
图片提供：星城祖母绿

珠宝首饰需定期检查

经常佩戴的珠宝首饰最好每月检查一次，查看宝石是否有磨损和金属爪是否有松脱现象等。如果发现异常，应停止佩戴并送回珠宝商进行修理。定期花一点点时间进行检查会大大降低你的宝贝损坏或丢失的概率。

佩戴珠宝首饰的注意事项

避免磕碰、撞击等，有些宝石天生多裂纹和内含物，或是性脆，在受到强力冲击时会沿一定方向裂开或出现崩口。

蓝宝石戒指

避免日常生活中一些化学物质化妆品、洗洁精等沿达表面裂隙进入宝石内部从而影响其美观。

避免高温等特殊环境下致使一些经过浸油或充填处理宝石的性状改变。

结 语

物以稀为贵，宝石在自然界中并非取之不尽，特别是一些优质高档宝石，由于多年的开采已日渐稀少。宝石矿床大多位于采矿条件极其艰苦的山区，有时为了找到 1Ct 宝石，往往需要翻遍数吨矿石，实在是来之不易。

哥伦比亚祖母绿矿区砂矿开采

哥伦比亚祖母绿矿井开采

宝石的切割与打磨

作者在哥伦比亚

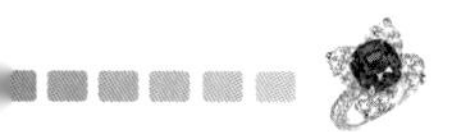

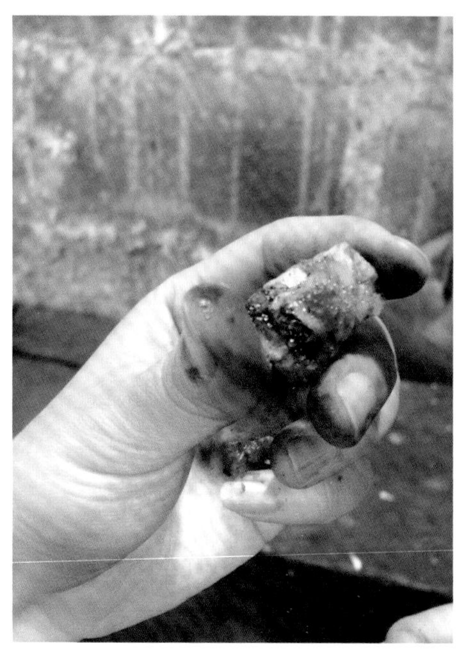

祖母绿矿区的矿石筛选

我们在欣赏宝石的非凡美丽与高贵品质之余，也应该对其产地的自然环境现状有所关注。当您得到一颗独一无二的美丽宝石时，一定不要忘记感恩，感谢大自然孕育了这份最神奇美丽、最让我们贴近大自然的厚礼。

主要参考文献

[1] 张蓓莉主编 . 系统宝石学（第 2版）. 地质出版社 . 2008

[2] 张蓓莉等 .GB/T 16552珠宝玉石 名称 .中国标准出版社 .2010

[3] 张蓓莉等编著 . 世界主要彩色宝石产地研究 . 地质出版社 . 2012

[4] 苏隽 .绚丽的彩色宝石 .大自然 .2013

[5] 肖丽 .谈谈肉眼鉴定宝玉石的方法 .珠宝科技 .1992

[6] 苏隽等 .发光图像分析方法在珠宝检测中的发展应用 .珠宝与科技 .2011

[7] 张蓓莉等 .GB/T 16553珠宝玉石 鉴定 .中国标准出版社 .2010

[8] 余晓燕编著 .有色宝石学教程 .地质出版社 .2016

[9] 苏隽 .NGTC实验室见闻——碧玺检测之“爱恨情愁” .中国黄金珠宝 .2015

[10] 范静媛等 .发晶染色的研究 .中国宝石 . 2011

[11] 王树根 .宝石改色的基本方法 .矿产保护与利用 . 1991

[12] 魏然等 . DiamondView™ 在有机充填碧玺鉴定中的应用 .宝石和宝石学杂志 . 2013

[13] 邓谦等 .钛覆膜坦桑石的鉴定特征 . 中国珠宝首饰学术交流会论文集 . 2015

[14] 苏隽等 .祖母绿充填物的分类及鉴定 . 中国珠宝首饰学术交流会论文集 . 2009

[15] 郭正也 .红宝石的热处理以及光谱学研究 .激光与光电子学进展 .2015

[16] 苏隽等 .祖母绿的充填程度分级 . 中国珠宝首饰学术交流会论文集 . 2015

[17] 罗香兰 .国际流行彩色宝石品质分级评估体系的比较及其启示 .宝石和宝石学杂志 .2010

[18] 苏隽 .彩色宝石之“好不好”——品质分级 .中国黄金珠宝 .2016

[19] 苏隽等 .祖母绿世界森林：祖母绿的世界版图 .中国宝石 .2011